ABHANDLUNGEN DER DEUTSCHEN AKADEMIE
DER WISSENSCHAFTEN ZU BERLIN

Klasse für Medizin

Jahrgang 1964 Nr. 1

Dr. med. vet. habil. RUDOLF IPPEN

VERGLEICHENDE PATHOLOGISCHE UNTERSUCHUNGEN ÜBER DIE SPONTANE UND EXPERIMENTELLE TUBERKULOSE DER KALTBLÜTER

Mit 48 Abbildungen auf 26 Kunstdrucktafeln und 20 Tabellen

AKADEMIE-VERLAG · BERLIN
1964

Vorgelegt von Hrn. DOBBERSTEIN in der Klassensitzung vom 13. September 1962

Zum Druck genehmigt am gleichen Tage, ausgegeben am 21. Dezember 1963

Als Habilitationsschrift vorgelegt in der Veterinärmedizinischen Fakultät
der Humboldt-Universität zu Berlin

Erschienen im Akademie-Verlag GmbH, Berlin W 8, Leipziger Straße 3—4

Lizenznummer: 202 · 100/401/64
Gesamtherstellung: VEB Druckerei „Thomas Müntzer" Bad Langensalza
Bestellnummer: 2001/64/IV/1 · ES 17 U 4, 18 G 3 · Preis: DM 23,50

Inhaltsverzeichnis

Einleitung

Die Tuberkulose ist eine der ältesten Infektionskrankheiten, die nach unseren heutigen Erfahrungen innerhalb des ganzen Tierkreises der Wirbeltiere auftreten kann.

Es ist durchaus verständlich, daß man sich in den früheren Jahrhunderten in erster Linie mit der *Tuberkulose des Menschen* beschäftigt hat, so daß hierüber schon Angaben aus frühester Zeit vorliegen. Das älteste Zeugnis tuberkulöser Veränderungen stellt in Europa ein Fund bei Heidelberg aus dem Neolithicum (etwa um 5000 v. Chr.) dar, bei dem eine Wirbelkaries festgestellt wurde. Daneben deuten Dokumente der Hinduliteratur (ungefähr 4000 Jahre vor Beginn unserer Zeitrechnung) auf das Auftreten von Lungenschwindsucht hin, so daß die tuberkulöse Entzündung beim Menschen für fast so alt wie die Menschheit selbst gehalten werden kann. Bezüglich der geschichtlichen Entwicklung der Erforschung der Tuberkulose des Menschen wird auf die Arbeiten von STICKER (1922), PIÉRY und ROSHEM (1931) und LÖFFLER (1958) hingewiesen.

Wesentlich seltener sind dagegen frühzeitige Angaben über die *tuberkulösen Erkrankungen der Tiere*. Dies wird durchaus verständlich, wenn man bedenkt — wie JOHNE (1883) bereits bei der Bearbeitung der Geschichte der Tuberkulose der Tiere ausführt —, daß sich die Anfänge einer selbständigen Tierheilkunde nicht bis über die Mitte des 18. Jahrhunderts zurückdatieren lassen. Als einen der ältesten Schriftsteller, der die Lungenschwindsucht des Rindes erwähnt, nennt JOHNE COLUMELLA (40 n. Chr.). Alle Angaben, die im Laufe der Jahrhunderte über Krankheiten der Tiere gemacht wurden, lassen vermuten, daß auch die Tuberkulose bei den Tieren vorkam. Sie wurde jedoch nie in Verbindung mit der menschlichen Tuberkulose gebracht und somit auch nicht als solche angesprochen. Besonders deutlich wird dies bei der bereits seit dem Mittelalter bekannten Serosentuberkulose der Rinder (Perlsucht). Man findet etwa 40 verschiedene Bezeichnungen im Laufe der Zeit für die gleichen Veränderungen. Neben den Anschauungen eines parasitären oder geschwulstartigen Ursprungs wurde Jahrhunderte hindurch diese Tuberkuloseform als syphilitische Erkrankung, als „Franzosenkrankheit" (HELMONT, 16. Jahrhundert) angesehen. Erst mit Beginn des 19. Jahrhunderts erachtete man die sogenannte Perlsucht nach Untersuchungen von SPINOLA (1855) und HAUBNER (1862) sowie auch die Lungentuberkulose der Rinder nach GURLT (1831), HERING (1849) und FUCHS (1859) als wesensgleich mit der Tuberkulose des Menschen. VIRCHOW, GURLT und RÖLL (1860) hielten jedoch weiterhin an der „Sarkomnatur" der sogenannten Perlsucht fest. Auch die Tuberkulose der anderen Haustiere ist erst sehr spät als solche erkannt worden. Obwohl VILLEMIN 1868 die Übertragbarkeit durch Tierversuche nachgewiesen hatte (VILLEMIN, 1868), wurde auch weiterhin die proliferativ verlaufende Tuberkulose verkannt. So hielt man die Tuberkulose des Pferdes für eine Sarkomgeschwulst und die aviäre Tuberkulose des Schweines für eine Leberzirrhose.

Ein Wandel in diesen unklaren Vorstellungen trat erst ein, als ROBERT KOCH (1882) den Erreger der Tuberkulose einwandfrei feststellen konnte. Untersuchungen folgten, wobei sich sehr bald herausstellte, daß der Erreger der Geflügeltuberkulose nicht mit dem der menschlichen Tuberkulose identisch ist, sondern als ein eigener Typ angesprochen werden muß

(STRAUS und GAMALEÏA, 1891; MAFFUCCI, 1892; STERNBERG, 1892). Durch SMITH (1896) wurde dann nachgewiesen, daß auch der Erreger der Rindertuberkulose andere Eigenschaften aufweist als der der Tuberkulose des Menschen. Im Jahre 1937 konnte WELIS noch eine weitere Erregerart, das Mycobacterium tuberculosis var. muris, isolieren, die ebenfalls tuberkulöse Veränderungen bei bestimmten Säugetieren hervorruft. Faßt man die vorgenannten Untersuchungen zusammen und wählt die von GORDON (1957) gewählten Bezeichnungen, so kommen als Erreger für die Tuberkulose der homoithermen Wirbeltiere das Mycobacterium tuberculosis (früher typus humanus), das Mycobacterium bovis (früher typus bovinus), das Mycobacterium microti (früher typus murium) und das Mycobacterium avium (früher typus gallinaceus) in Betracht. Inwieweit die vorgenannten Erreger jeweils in der Lage sind, bei den verschiedenen Tierarten bzw. dem Menschen eine tuberkulöse Entzündung hervorzurufen, soll hier nicht ausführlich besprochen werden. Es mag lediglich darauf hingewiesen werden, daß mit Ausnahme des weniger wichtigen Mycobacterium microti alle übrigen Erreger bei den verschiedenen Säuger- bzw. Vogelarten mehr oder weniger pathogen sein können. Genaue Angaben hierüber finden sich bei RICH (1951), FELDMAN (1938) FRANCIS (1958) u. a.

Nachdem der Erreger der Tuberkulose nachgewiesen worden war, zeigten bald nachfolgende Untersuchungen, daß fast alle als *Haustiere* gehaltenen Säugetiere an Tuberkulose erkranken können. Aus der großen Zahl der sich im Laufe der Jahre mit der Erforschung der Tiertuberkulosen befassenden Wissenschaftler mögen nur einige wenige herausgegriffen sein, wie z. B. v. OSTERTAG, JOEST, NIEBERLE, PALLASKE, COHRS, FELDMAN, MEYN und GOERTTLER.

Von großer Bedeutung für die gesamte Tuberkuloseforschung erwiesen sich neben der Untersuchung der Tuberkulose des Menschen und der Haustiere die experimentellen *Tierversuche.* Erst durch sie konnten entscheidende Fragen geklärt werden. Zugleich wurde durch diese Versuche die Zahl der nachweislich für Tuberkulose empfänglichen Tierarten um ein Vielfaches erhöht. Die ersten Untersuchungen dieser Art wurden schon lange vor der Entdeckung des Erregers von KLENCKE (1846) an Kaninchen vorgenommen. Jedoch erst die Arbeiten von VILLEMIN (1868) lösten unzählige Übertragungsversuche und eingehende histologische Studien der Tuberkelstruktur aus. Es sei hier auf die Arbeiten von GERLACH (1869), ZÜRN (1872), BOLLINGER (1873), KITT (1879) COHNHEIM und SALOMONSEN (1877), KLEBS (1873) und BAUMGARTEN (1880) verwiesen. Für die Übertragungsversuche wurden neben den üblichen Haustieren auch das Kaninchen und Meerschweinchen herangezogen. Die beiden zuletzt genannten Tierarten wurden nach den Untersuchungen von KOCH (1882) geradezu zu den Idealversuchstieren für die Tuberkulose, wobei man sich später auch die unterschiedliche Empfänglichkeit der Kaninchen gegenüber den humanen und bovinen Erregertypen zu diagnostischen Zwecken zunutze machte. Ende der vierziger Jahre trat dann der Syrische Goldhamster als besonders geeignetes Tuberkuloseversuchstier hinzu, jedoch ist sein tatsächlicher Wert für diesen Zweck noch recht umstritten (VIATSCHKO, 1949; EICKE, 1952; HUSSEL, 1951; REIGBERT, 1953; STARCK und VIEHMANN, 1955). Heute hat die weiße Maus das Meerschweinchen in manchen Laboratorien verdrängt und wird zu den verschiedensten Versuchen mit Erfolg herangezogen (MCKEE, RAKE, DONOVICK, and JAMBOR, 1949; STEWART und TAMARGO-SANCHEZ, 1952; THIEL, 1956). Abschließend sei noch darauf hingewiesen, daß bei den hier aufgeführten Laboratoriumstieren auch gelegentlich spontane Tuberkulosefälle auftreten (GRIFFITH, 1930; PALLASKE und KRAHNERT, 1958; RADDEN, 1957; u. a.).

Wie bei den bisher genannten verschiedenen Tierarten zeigte es sich, daß auch bei den freilebenden und in Gefangenschaft gehaltenen *Wildtieren* Tuberkulose vorkommt. Sehr alte Berichte, zum Teil schon aus der Zeit lange vor der Entdeckung des Erregers, liegen aus einzelnen zoologischen Gärten vor. Einen recht umfassenden Überblick bieten die Arbeiten von FOX (1923), KRAUSE (1939) und O'CONNOR (1955). Über die bei freilebenden Wildarten auftretenden Tuberkulosefälle berichten ausführlich OLT und STRÖSE (1914), KINDINGER (1934) KRAUSE (1939) und viele andere. Es mag an dieser Stelle auch noch auf das recht häufige

Auftreten tuberkulöser Erkrankungen bei den in Gefangenschaft gehaltenen *Pelztieren* hingewiesen werden. Neben zahlreichen Einzelberichten und größeren Arbeiten besteht hierüber eine gute zusammenfassende Darstellung von SASSENHOF (1936).

Die *Tuberkulose der Vögel* ist, wie die der Säugetiere, unter den verschiedenen Arten sehr verbreitet. Die ersten umfassenden Mitteilungen über die Geflügeltuberkulose wurden von ROLOFF (1868) und PAULICKI (1872) gemacht, wobei PAULICKI die Tuberkel zwar noch als „Sklerome" bezeichnet und ROLOFF sie für „multiple Lymphosarkome" hält. Nach der Entdeckung des Erregers der Tuberkulose wurde die Geflügeltuberkulose zunächst für identisch mit der Säugetiertuberkulose gehalten (KOCH, RIBBERT u. a.), doch wiesen MAFFUCCI (1890) sowie STRAUS und GAMALEÏA (1891) bald die Sonderstellung des aviären Erregertyps nach. Die starke Verbreitung der Geflügeltuberkulose (ZÜRN, 1883) und die durch den Erregernachweis möglich gewordene sichere Diagnose lösten eine Unzahl von Untersuchungen aus, die in zahlreichen Arbeiten ihren Niederschlag gefunden haben. Im Vordergrund stehen hierbei die Berichte über die Tuberkulose des *Haus- und Nutzgeflügels*. Es mag hier auf einige Übersichtsarbeiten von A. EBER (1917), REINHARDT (1927, 1950), ZELLER (1932) — mit 433 zitierten Literaturstellen — und FELDMANN (1938) verwiesen werden. Die pathologisch-anatomischen sowie histologischen Untersuchungen der Geflügeltuberkulose durch RIBBERT (1883), WEIGERT (1885), PFANDER (1892), KOCH und RABINOWITSCH (1907), R. EBER (1925) und zahlreiche andere geben uns ein recht abgeschlossenes Bild über die zu beobachtenden Veränderungen.

Die bisher vorliegenden Berichte über die Vogeltuberkulose beschränken sich jedoch nicht nur auf das Hausgeflügel, sondern zeigen, daß auch fast alle *Vogelarten in zoologischen Gärten* an Tuberkulose erkranken und verenden können. Recht übersichtliche Angaben hierüber macht bereits KLIMMER (1923). In dem umfassenden Werk von FOX (1923) über Wildtiererkrankungen werden 14 verschiedene Vogelgattungen aufgeführt, bei denen Tuberkulose ermittelt werden konnte. Weitere Berichte über Tuberkulose bei Zoovögeln geben SCOTT (1930), GRIFFITH (1928), GALLI-VALERIO (1921) u. a. Die umfassendste Übersicht der bisher erschienenen Arbeiten über die Tuberkulose der Wildvögel findet man bei O'CONNOR (1955).

Darüber hinaus liegen aber auch Einzelberichte von Tuberkulosen *freilebender Vögel* vor, wie z. B. von Sperlingen, Eulen, Krähen, Kuhvögeln (cowbirds), Schreiadlern u. a.

Nach dem heutigen Stand der Forschung kann wohl angenommen werden, daß durch den aviären Erregertyp bei fast allen Vogelarten eine tuberkulöse Erkrankung ausgelöst werden kann. Inwieweit dagegen die Säugetiertuberkulose-Erregertypen für die verschiedenen Vogelarten als pathogen angesehen werden müssen, bedarf in großem Umfang noch einer Klärung. Einige Untersuchungen liegen zwar vor, beschränken sich aber nur auf einzelne Vogelarten. Untersuchungen über die Empfänglichkeit der Hühner und Tauben für Säugetiertuberkulosebakterien wurden von WEBER und BOFINGER (1904), KOCH und RABINOWITSCH (1907), MODDELMOG (1920), RICHTERS (1927), R. EBER (1928) u. a. vorgenommen. Dabei zeigte es sich recht klar, daß Hühner und Tauben eine große Widerstandsfähigkeit gegenüber den Säugetiertuberkulosebakterien besitzen; zu einer Generalisation bei einer derartigen Infektion kam es nie. Gleichartige Versuche an Kanarienvögeln (R. EBER, 1928) verliefen ebenfalls negativ. Diesen Befunden steht die häufig humane Tuberkuloseinfektion der Papageien gegenüber. Abgesehen von einer erhöhten Infektionsgefahr durch das Zusammenleben mit tuberkulösen Menschen muß bei den Papageien eine erhöhte Empfänglichkeit für die Säugetiertuberkuloseerreger bestehen, da auch bovine Infektionen beobachtet werden können. Bei anderen Stubenvogelarten stellt man dagegen so gut wie nie eine Säugetiertuberkuloseinfektion fest. Welche Faktoren für dieses unterschiedliche Verhalten ausschlaggebend sind, ist bis heute noch nicht geklärt.

Abschließend muß noch auf die *Tuberkulose der wechselwarmen Tierarten* eingegangen werden. Im Verhältnis zur großen Zahl der hierzu zählenden Tierarten ist bisher nur wenig bekannt. Noch mehr als bei den vorangehend besprochenen Tierarten muß bei den über die Tuberkulose der Kaltblüter vorliegenden Berichten zwischen Spontanfällen und experimentellen Versuchen unterschieden werden, da bisher noch keine einheitliche Auffassung über das wirkliche Auftreten von Tuberkulose bei Kaltblütern im Sinne der Warmblütertuberkulose besteht. Fast alle Untersuchungen wurden in der Zeit von der Jahrhundertwende bis Anfang der dreißiger Jahre vorgenommen und fanden später nur hinsichtlich der Fischtuberkulose durch Einzelberichte eine spärliche Ergänzung. Experimentelle Untersuchungen fehlen seit 1930 fast vollständig. Einen umfassenden Überblick über die bisher vorliegenden Arbeiten gibt KÜSTER (1928) und neuerdings VOGEL (1958) in seiner Veröffentlichung über „Die Mykrobakterien von kaltblütigen Tieren" (163 Literaturangaben).

Spontantuberkulosefälle sind bisher sowohl bei Fischen als auch bei Amphibien und Reptilien beobachtet worden. Als Erreger wurden säurefeste Bakterien ermittelt, die sich jedoch in ihrem kulturellen Verhalten von den bisher erwähnten säurefesten Erregern bei Säugetieren und Vögeln erheblich unterscheiden. Dieser Umstand und der abweichende Ablauf der Erkrankung wurden wiederholt zum Anlaß genommen, die bei den Kaltblütern durch säurefeste Bakterien hervorgerufenen Veränderungen für nicht identisch mit der Tuberkulose der Säuger und Vögel im gebräuchlichen Sinne zu halten. Dennoch hat sich der Begriff Kaltblütertuberkulose[1] mehr oder weniger durchgesetzt und soll auch im folgenden beibehalten werden.

Ein Überblick über die Literatur der *Tuberkulose der Fische* zeigte, daß bisher bei 10 verschiedenen Ordnungen, 34 Familien, 85 Gattungen und 123 Arten Tuberkulose nachgewiesen wurde. Vermutlich als erster spricht VILLEMIN (1868) von einer Tuberkulose bei Fischen und einigen Wirbellosen; da man aber damals noch nichts von säurefesten Mykobakterien als Erregern tuberkulöser Erkrankungen wußte, fehlte natürlich der Nachweis der säurefesten Bakterien. Eine genaue Beschreibung der Karpfentuberkulose geben BATAILLON, DUBARD und TERRE (1897), die als Erreger den säurefesten Bacillus „Bacterium piscium" isolieren konnten und auch die morphologischen Veränderungen beschrieben haben. In der Folgezeit wurden weitere Beobachtungen von JOHNSTONE (1912, 1926), ALEXANDER (1912), SUTHERLAND (1922), GRIFFITH (1930) u. a. gemacht. Über die Tuberkulose der Salzwasserfische berichten ARONSON (1926) und WINSOR (1946), wobei sich von 11500 untersuchten Fischen 306 als tuberkulöse erwiesen. Weiterhin soll noch auf die Arbeiten von JAHNEL (1940, A u. B), BAKER und HAGAN (1942), NIGRELLI (1943, 1953), BESSE (1949), VAN DUIJN (1951), PARISOT (1958), WOOD und ORDAL (1958) verwiesen werden.

Die Untersuchungen über *Spontantuberkulosen bei Amphibien* erstrecken sich fast ausschließlich auf Frösche. Den ersten Tuberkulosefall beim Frosch, bei dem auch makroskopisch Leberveränderungen festgestellt wurden, beschrieb RUPPRECHT (1904). Die von WEBER und TAUTE (1904) aus den Organen von ungeimpften Fröschen isolierten säurefesten Bakterien hatten jedoch keine Organveränderungen hervorgerufen und dürfen somit nicht als Spontantuberkulosen gewertet werden. Das gleiche gilt auch für die Befunde von LANGE (1922). BERTARELLI und BOCCHIA (1910) konnten bei 9 Fröschen tuberkulöse Veränderungen nachweisen. Ein weiterer Fall spontaner Froschtuberkulose wurde von LICHTENSTEIN (1921) erbracht, wobei die isolierten säurefesten Keime an ein Wachstum bei 38 °C gewöhnt werden konnten, aber apathogen für Säuger blieben. GRIFFITH (1928, A) gelang es schließlich, aus einem Paradoxialfrosch (Pseudis paradoxa) säurefeste Bakterien zu isolieren, die für verschiedene Kaltblüter pathogen waren. 1959 fand SCHWABACHER in tuberkulösen Hautveränderungen bei einem Xenopus laevis ebenfalls massenhaft säurefeste Stäbchen.

Über die *Spontantuberkulose der Reptilien* liegen gleichfalls zahlreiche Einzelberichte vor. In erster Linie sind hier die bei verschiedenen Schlangenarten (Boa constrictor, Pythonarten u. a.) beobachteten Veränderungen zu erwähnen, worüber SIBLEY (1889), GIBBES und SHURLY

[1] Kaltblütertuberkulose wird im folgenden in Zusammensetzungen Ktb. abgekürzt.

(1890), SHATTOCK (1902), v. HANSEMANN (1903), SCOTT (1930), ARONSON (1938), GRIFFITH (1941) u. a. berichten. Diesen Befunden sind noch drei weitere Fälle bei Boa- und Pythonarten hinzuzufügen, über die wir von ZWART (1959) mündlich Mitteilung erhielten. Weiterhin wäre auf zwei eigene Beobachtungen bei einer Teppichschlange (Morelia) und bei einer Wassermoccasin (Akistrodon piscivorus) hinzuweisen. Bei Schildkröten wurden spontane tuberkulöse Veränderungen bisher bei drei Arten festgestellt, und zwar bei Trionyx gangeticus (SCOTT, 1930; GRIFFITH, 1941), Trionyx triungis (BESSE, 1949) und bei Chelone corticata (FRIEDMANN, 1903, A. u. C). Weiterhin konnte Tuberkulose bei einer grünen Eidechse (Lacerta viridis) von BERTARELLI und BOCCHIA (1910), bei einem mexikanischen schwarzen Leguan (Ctenosaura multispinis) und bei einem rotäugigen Kaiman (Caiman sclerops) von SCOTT (1930) und GRIFFITH (1941) beobachtet werden.

Ergänzend zu den Berichten über die Spontantuberkulosen bei Kaltblütern muß noch auf die recht zahlreichen *experimentellen Untersuchungen an Kaltblütern* mit Ktb.-Bakterien verwiesen werden. Der weitaus größte Teil dieser Arbeit ist darauf ausgerichtet, die Stellung der Ktb.-Bakterien im System der Tuberkulosebakterien allgemein festzulegen und darüber hinaus zu ergründen, inwieweit eine wechselseitige Pathogenität zwischen Kaltblüter- und Warmblütertuberkulose besteht, wobei die Frage der Typenumwandlung bzw. der Typenanpassung an einen anderen Wirtsorganismus einen großen Raum einnimmt. Einen recht guten Überblick über die Ergebnisse dieser Untersuchungen gibt KÜSTER (1928). Danach zeigen die Mutationsversuche von insgesamt 27 Autoren bei vierzehn negative (etwa 52%), bei vier wechselnde (etwa 16%) und bei neun positive (etwa 33%) Ergebnisse. Auf Einzelheiten dieser Arbeiten wird noch im folgenden eingegangen werden. Daneben wurden Versuche mit dem Ziel der therapeutischen Verwendbarkeit der Kaltblütertuberkulosen zu Immunisationszwecken bei Warmblütern durchgeführt. In diesem Zusammenhang möchten wir auf die Arbeiten von FRIEDMANN verweisen.

Betrachtet man den hier gegebenen Überblick über die Tuberkulose, so tritt die große Verbreitung der tuberkulösen Erkrankung im gesamten Wirbeltierreich deutlich hervor. Zur Klärung der zahlreichen noch offenen Fragen scheint es uns daher angebracht zu sein, vergleichend pathologische Untersuchungen auf möglichst breiter Basis vorzunehmen und so die Grundlagen für neue Erkenntnisse und therapeutische Maßnahmen zu schaffen. Die von uns in diesem Rahmen bisher durchgeführten Untersuchungen einzelner Gebiete aus dem Gesamtkomplex der tuberkulösen Entzündung, wie z. B. die Untersuchungen über die Riesenzellbildung (IPPEN, 1956, A), die Verkäsungs- und Verkalkungsvorgänge sowie die Faserneubildung im tuberkulösen Granulationsgewebe und die Untersuchungen über den Einfluß des Winterschlafs auf die Tuberkulose, ließen es notwendig erscheinen, auch die Kaltblüter mit in diese Untersuchungen einzubeziehen. Von ausschlaggebender Bedeutung ist hierfür jedoch zunächst die Klärung der Frage der Identität der Kaltblütertuberkulose mit der Tuberkulose der Warmblüter. Wir wollen deshalb vom Standpunkt der vergleichenden Pathologie aus gleichzeitig untersuchen, inwieweit die bei Kaltblütern durch säurefeste Bakterien hervorgerufenen Erkrankungen mit der Gruppe der tuberkulösen Erkrankungen der Warmblüter vergleichbar sind.

Die Schwierigkeiten eines solchen Vergleichs beginnen jedoch bereits bei der Abfassung einer für Säugetiere und Vögel allgemein zutreffenden Definition des Begriffs Tuberkulose. Die Erreger, der Krankheitsverlauf und das pathologisch-anatomische und histologische Bild lassen bei der Tuberkulose der obengenannten Wirbeltierklassen von Art zu Art schon so erhebliche Unterschiede erkennen, daß eine einheitliche Begriffsbestimmung ungemein erschwert wird. Um dennoch zu einer brauchbaren Definition des Begriffs Warmblütertuberkulose zu gelangen, ist es notwendig, auf eine Berücksichtigung der zahlreichen charakteristischen Einzelheiten der Tuberkulose bei Mensch und Tier zu verzichten und lediglich das allen Arten Gemeinsame hervorzuheben. Von diesem Gesichtspunkt aus betrachten wir die

Tuberkulose als eine durch Erreger aus der Gruppe der Mykrobakterien (nach dem System von BERGEY) hervorgerufene spezifische Entzündung bei homoithermen Vertebraten, die durch die Bildung retothelialer Zellreaktionen in den betroffenen Organen charakterisiert ist. Die für die Tuberkulose des Menschen und einiger Tierarten so typischen Merkmale, wie chronischer Krankheitsverlauf, spezielle Disposition der Lungen, sind nicht ohne weiteres für die Tuberkulosen aller warmblütigen Wirbeltiere zutreffend, genausowenig wie die im Verlauf der Tuberkulose auftretenden bekannten morphologischen Veränderungen, wie z. B. die Ausbildung von Langhansschen Riesenzellen, die einsetzende Verkäsung und Verkalkung oder gar die Kavernenbildung.

Wenn wir nun im folgenden die bei Kaltblütern durch säurefeste Bakterien aus der Gruppe der Mykobakterien hervorgerufenen Veränderungen einer vergleichenden Untersuchung in bezug auf die Tuberkulose der Warmblüter unterziehen wollen, so sollen in erster Linie die anzutreffenden morphologischen Veränderungen berücksichtigt werden, da Untersuchungen über den Erreger und sein Verhalten im Kaltblüterorganismus bereits von bakteriologischer Seite aus vorgenommen wurden, so daß diese zur Auswertung mit herangezogen werden können.

Grundsätzlich muß bei derartigen Untersuchungen zwischen den bei Kaltblütern anzutreffenden tuberkuloseähnlichen Veränderungen, hervorgerufen durch spezifisch poikilotherme Typen des Mykobakteriums (*Spontantuberkulosen*), und solchen Tuberkulosen unterschieden werden, die durch die Warmblütererregertypen, saprophytäre säurefeste Stäbchen und poikilotherme Typen des Mykobakteriums, experimentell erzeugt wurden (*experimentelle Tuberkulose*).

Überblickt man die bis heute vorliegenden bakteriologischen Arbeiten über die *Erreger der sogenannten Kaltblütertuberkulosen*, so kann nur gesagt werden, daß trotz umfangreicher Untersuchungen noch erhebliche Unklarheiten in mancher Hinsicht bestehen. Diese Tatsache drückt sich nicht nur in der ständig wechselnden Nomenklatur und Anzahl der Erregerarten aus, sondern auch in den verschiedenen Auffassungen über ihr Verhalten, ihre Pathogenität und ihre sonstigen Eigenschaften. In der neuesten Auflage von BERGEYS „Manual of Determination Bacteriology" (1957) werden vier Mykobakterienarten als Erreger der Tuberkulose bei Kaltblütern genannt, und zwar *M. fortuitum*, *M. marinum*, *M. thamnopheos* und *M. platypoecilius*. Demgegenüber nennt KRASSILNIKOV (1959) in seinem System das *M. marinum* mit den Abarten *M. chelonei* und *M. thamnopheos* sowie das *M. piscium* mit den Abarten *M. ranae* und *M. tropidonatum* als die bei Kaltblütern anzutreffenden Mykobakterienarten. In einer umfassenden Arbeit über die Tuberkulose der Fische von PARISOT (1958) ist eine weitere Erregerart, *M. anabanti*, angeführt, die auch von VOGEL (1958) erwähnt wird. In den älteren Berichten über Spontantuberkulosefälle bei Kaltblütern, wie z. B. in denen von SIBLEY (1889), v. HANSEMANN (1903), KÜSTER (1905), LICHTENSTEIN (1921) u. a., wird auf eine genaue Bezeichnung der Erregerart überhaupt verzichtet. Man findet dort lediglich die Bezeichnungen Fischtuberkelbacillus Dubard" oder „Friedmannscher Tuberkelbacillus" und dergleichen. Allein diese so verschiedenartige Bezeichnung der Ktb.-Erreger weist schon auf die noch bestehenden Unklarheiten hin. Es wird Aufgabe künftiger Untersuchungen sein, exakt zu klären, inwieweit es sich bei den bisher angeführten Erregerarten tatsächlich um verschiedene Arten gehandelt hat bzw. inwieweit eventuell gleiche Arten nur verschieden benannt wurden. Als für die Ktb.-Erreger allgemein zutreffend mag nach SCHLOSSBERGER (1952) angegeben werden, daß diese Mykobakterienarten bei Temperaturen von 12 bis 36 °C, am üppigsten bei 25 °C wachsen. Sie bilden auf Agar weißliche fettige Kolonien. In Bouillon tritt keine allgemeine Trübung, sondern krümliges Wachstum am Boden des Röhrchens ein. Morphologisch und färberisch ist das Verhalten gleich dem des menschlichen Tuberkulosebakteriums, wobei noch erwähnt werden kann, daß die meisten Untersucher darauf hinweisen, daß diese säurefesten Erreger meist kleiner sind als die humanen Tuberkuloseerreger.

Über den Grad der Tierpathogenität wird sehr verschieden geurteilt. Auf das Für und Wider wird noch im folgenden einzugehen sein, da es ja mit das Grundproblem des tatsächlichen Auftretens einer Kaltblütertuberkulose darstellt.

Im Gegensatz zu dem hier über die Ktb.-Erreger Ausgesagten sind die Kenntnisse über die bei Warmblütern vorkommenden Mykobakterienarten, das *M. tuberculosis*, *M. bovis* und *M. avium*, sehr gut. Ausführliche Beschreibungen der Biologie dieser Erregerarten finden sich in allen bakteriologischen und Tuberkulosehandbüchern, so daß hier nicht näher darauf eingegangen zu werden braucht. Die wenigen Impfversuche mit saprophytären Mykobakterien bei Kaltblütern wurden mit nicht näher bezeichneten Keimen vorgenommen, so daß es überflüssig erscheint, auf die zahlreichen, bisher beschriebenen verschiedenen saprophytären Mykobakterien einzugehen. Sie sind nach Schlossberger in ihrem Aussehen und ihrer Färbbarkeit dem Tuberkelbakterium ähnlich und deshalb auch vielfach als Pseudotuberkelbazillen bezeichnet worden. Sie unterscheiden sich jedoch durch ihr rasches Wachstum auf den üblichen Nährböden von den pathogenen Mykobakterien. Seit den ersten Funden derartiger apathogener Mykobakterien durch Petri und Rabinowitsch sind zahlreiche Forschungsarbeiten durchgeführt worden, so daß heute bereits recht gute Kenntnisse von bakteriologischer Seite aus vorliegen. Es mag hier nur auf die Arbeiten von Meyn (1952), Meyn und Nestle (1952), Dubos und Middlebrook (1948), Hussel (1953) u. a. verwiesen werden. Einen guten Überblick vermitteln die Ausführungen von Stoll (1953) „Zur Differenzierung pathogener und apathogener Mykobakterien".

Aufgabenstellung und Technik

Um die von uns angestrebte vergleichende Untersuchung der Kaltblütertuberkulose vornehmen zu können, war es erforderlich, die bei Fischen, Amphibien und Reptilien bei spontaner Tuberkulose auftretenden Veränderungen zu untersuchen. Hierbei wurden sowohl die bisher in der Literatur mitgeteilten Fälle als auch eigene Beobachtungen ausgewertet.

Die recht kleine Zahl der bisher beschriebenen Spontantuberkulosefälle bei Kaltblütern läßt leider häufig eine exakte Wiedergabe der morphologischen Veränderungen vermissen. Es kann daher nur schwer für die verschiedenen in Betracht kommenden Tierarten ein typisches Bild herausgearbeitet werden. Ob das von verschiedenen Autoren (Bertarelli und Bocchia, 1910; Küster, 1928; u. a.) hervorgehobene *seltene Vorkommen spontaner tuberkulöser Veränderungen* bei Kaltblütern tatsächlich zutrifft, scheint noch nicht endgültig entschieden zu sein. Die in den letzten Jahrzehnten intensiver werdenden Untersuchungen der Fischkrankheiten wie auch der Zoo-Reptilienkrankheiten deuten durchaus auf ein häufiges Auftreten der Tuberkulose bei Kaltblütern hin.

Um einen umfassenden Überblick über die bei Kaltblütern durch säurefeste Erreger hervorgerufenen Veränderungen zu erhalten, haben wir auch die *experimentellen Tuberkulosen* nach Verimpfung von Ktb.- und Wtb.-Bakterien mit zur Auswertung herangezogen, wozu in größerem Umfang auch eigene Versuche durchgeführt wurden. Selbstverständlich wurden aus der Literatur nur die Fälle ausgewählt, bei denen säurefeste Mykobakterien aus den Veränderungen einwandfrei nachgewiesen werden konnten. Wie bereits eingangs erwähnt, liegen schon zahlreiche Untersuchungen über derartige *Impftuberkulosen bei Kaltblütern* vor, jedoch dienten sie in erster Linie zur Klärung allgemein interessierender bakteriologischer Fragen, speziell derjenigen der Typenumwandlung des Tuberkulosebakteriums und der Immunisationsfähigkeit des Ktb.-Erregers bei Warmblütern. Die pathologisch-anatomischen sowie histologischen Veränderungen fanden nur in wenigen Einzelfällen Berücksichtigung. Um sich jedoch ein Bild von der tuberkulösen Erkrankung zu machen, reicht weder der alleinige Nachweis der säurefesten Erreger im Organismus des Impftieres aus noch die ausschließliche Wiedergabe der pathologisch-anatomischen Veränderungen. Somit sind zur Auswertung für unsere Arbeit nur die Untersuchungen aus der Literatur von Interesse, in denen beide Faktoren berücksichtigt wurden. Von besonderer Bedeutung sind dabei natürlich die Fälle, in denen auch die beobachteten histologischen Veränderungen beschrieben wurden. Der Rahmen unserer Arbeit erlaubt es nicht, auf die verschiedenen Problemstellungen der bisher vorliegenden Untersuchungen über experimentelle Tuberkulosen bei Kaltblütern im einzelnen einzugehen. Wir wollen jedoch versuchen, in Form tabellarischer Zusammenstellungen einen Überblick über die bisherigen Veröffentlichungen zu geben. Bei diesen Zusammenstellungen werden zuerst die Fälle angeführt, in denen Kaltblüter mit Erregern der Kaltblütertuberkulose infiziert wurden. Es folgen dann die Fälle, in denen wechselwarme Versuchstiere mit Tuberkulosebakterien aus der Gruppe der Warmblütertuberkulosen[1] (humanus, bovinus und

[1] Warmblütertuberkulose wird im folgenden in Zusammensetzungen Wtb. abgekürzt.

gallinaceus) geimpft wurden, denen sich gleichartige Versuche mit saprophytären säurefesten Bakterien und abgetöteten Tuberkulosebakterien anschließen. Ergänzt werden diese der Literatur entnommenen Angaben wiederum durch eigene Untersuchungen, wozu in erster Linie Amphibien und Reptilien herangezogen wurden.

Zur *Technik* der von uns durchgeführten Versuche sollen vorausschickend gleich die für alle Versuche gleichbleibenden Angaben zusammenfassend wiedergegeben werden. Zur Impfung wurden Tuberkulosebaktieren-Aufschwemmungen verwendet, in denen in physiologischer Kochsalzlösung pro ml jeweils ca. 800 Keime der entsprechenden Ausgangskulturen enthalten waren.[1] Für die Verimpfung von Ktb.-Bakterien wurden aus verschiedenen spontanen Kaltblütertuberkulosen gezüchtete säurefeste Erreger herangezogen, deren in Klammern gesetzte Kurzbezeichnungen im folgenden verwendet werden sollen. Die meisten dieser Kulturen wurden uns freundlicherweise von Herrn P. Zwart aus Utrecht überlassen. Verwendet wurden säurefeste Stäbchen aus den Spontantuberkulosen einer Phyton reticulatus (Pythontb.), eines Kaiman (Kaimantb.), eines Rana tigrina (Ranatb.), eines Ceratophrys americana (Ceratophrystb.), eines Bufo melanostinum (Bufotb.) sowie ein als Hagedig (Hagedigtb.) bezeichneter Stamm. Als Ausgangsmaterial für die Verimpfung humaner Tuberkulosebakterien wurde der im Institut gehaltene Stamm H 37 Rv (Tb. hum.) verwendet. Die herangezogenen bovinen Erreger (Tb. bov.) wurden aus Schlachthofmaterial isoliert und kulturell gezüchtet, genau wie die aus Sektionsmaterial stammenden aviären Erreger (Tb. aviär.). Weiterhin wurden noch säurefeste saprophytäre Mykobakterien (sf. Saprophyten) aus der Gruppe des Mycobacteriums phlei zur Verimpfung verwendet. Für die Injektion abgetöteter Tuberkulosebakterien wurden die oben bereits erwähnten bovinen Erreger abgetötet, indem sie 30 Minuten lang bei 120 °C in den Autoklaven gebracht wurden (abget. Tb. bov.). Die jeweils verimpfte Menge der verschiedenen Erregertypen variiert bei den einzelnen Versuchstierarten und wird in den entsprechenden Kapiteln angegeben.

Bei der nach Versuchsabschluß an jedem Tier vorgenommenen bakteriologischen Untersuchung wurden Ausstriche aus allen Organen gemacht, die nach Ziehl-Neelsen gefärbt und mikroskopiert wurden. Gleichzeitig wurden Kulturen auf Petragnaninährböden mit und ohne Glyzerin angelegt und bei 37 bzw. 25°C bebrütet.

Histologisch wurden Leber, Milz, Nieren, Lungen, Herz, Peritoneum und Geschlechtsorgane der Versuchstiere untersucht. Neben Hämatoxilin-Eosin-Färbungen wurden Scharlachrot-Fettfärbungen, Ziehl-Neelsen-Färbungen sowie Silberimprägnationen nach Gomori ausgeführt.

Die im Text erscheinenden Abbildungen wurden am Zeiss-Lumipan-Mikroskop unter Verwendung der Miflexeinrichtung mit einer Contaxkamera auf 10°-DIN-Agfafilmen aufgenommen.

[1] Für die Beschaffung und Züchtung der Ausgangskulturen sowie für die Herstellung der Bakterienaufschwemmung darf ich an dieser Stelle dem Leiter der Bakteriologischen Abteilung unseres Instituts, Herrn Dr. Ludwig Stoll, meinen besten Dank sagen.

Die Tuberkulose der Fische

I. Die spontane Tuberkulose der Fische

Den ersten Bericht über die im Verlauf *spontaner Fischtuberkulose* auftretenden Veränderungen gaben BATAILLON, DUBARD und TERRE (1897). Von ihnen wurden großknotige tuberkulöse Veränderungen an der Bauchwand eines Karpfens festgestellt. Im Gegensatz zu dieser als Einzelfall beschriebenen Karpfentuberkulose zeigten spätere Untersuchungen an Salzwasserfischen von SUTHERLAND (1922) und ARONSON (1926), daß bei diesen Fischen vor allem in der Milz und der Leber die tuberkulösen Veränderungen anzutreffen waren. Bei einigen Tieren konnten außerdem Knötchen in den Kiemen, den Nieren, im Eierstock, im Perikard, in der Unterhaut und in den Augen festgestellt werden. Zu gleichartigen Ergebnissen führten auch die Untersuchungen von JAHNEL (1940, A u. B) bei spontaner Tuberkulose in einer Aquarienfischzucht (Danio malabaricus). Derselbe Autor konnte weitere Spontaninfektionen mit säurefesten Stäbchen bei Gymnocorymbus ternetzi Boulenger (Trauerrandsalmler), Haplochromis multicolor Hilg. (kleiner Maulbrüter), Aphyocharax rubropinnis Pappenheim (Rotflossensalmler), Brachydanio albolineatus Blyth (Schillerbärbling), Barbus phuthunio H. B. (Zwergbarbe) sowie Xiphophorus helleri Heck. (Schwertträger) und Colisa labia H. B. (Labia) feststellen. Bei allen diesen Fischen waren in den verschiedensten Organen zahlreiche Knötchen vorhanden, aus denen sich säurefeste Stäbchen nachweisen ließen. Weitere Untersuchungen über Spontantuberkulose bei Fischen liegen von BAKER und HAGAN (1942) bei mexikanischen Plattenfischen sowie von LEDERER (1943) und von PARISOT (1958) bei Lachsfischen (Oncorhynchus tschawytscha) vor. Aus allen Arbeiten geht eindeutig hervor, daß stets die Milz und die Leber, häufig auch die Nieren und unterschiedlich das Peritoneum, das Epikard, der Verdauungstrakt, die Unterhaut und die Geschlechtsorgane tuberkulös verändert waren. Besonders erwähnt werden müssen noch die bei der Fischtuberkulose auftretenden Augenveränderungen, auf die außer von ARONSON auch von JAHNEL und LEDERER hingewiesen wurde. Durch tuberkulöse Gewebsneubildung in den Augenhöhlen traten die Augen hervor (Glotzaugen) und waren, wie JAHNEL beschreibt, bei einem Teil der Fische so gelockert, daß sie bei der geringsten Berührung herausfielen.

Die *makroskopische Beschreibung* der auftretenden tuberkulösen Veränderungen erweist sich bei allen Autoren als mehr oder weniger gleichartig. Die in unterschiedlicher Zahl in den verschiedenen Organen anzutreffenden Knötchen variierten in ihrer Größe zwischen 1 und 8 mm und zeigten sich als feste, grauweiße, erhabene, scharf abgegrenzte Herde, die im Anschnitt von gleichförmiger Konsistenz waren. Bei den von JAHNEL untersuchten Aquarienfischen waren Leber, Milz, Niere und Herz mit mohnkorn- bis stecknadelkopfgroßen gelblichweißen Knötchen derartig übersät, daß man zuweilen Mühe hatte, diese Knötchen von den Reifeiern des Ovariums zu unterscheiden.

Die *histologische Untersuchung zeigte, daß die kleinsten Herdchen durch Rundzellen gebildet* wurden, die gut gefärbte, bläschenförmige Kerne aufwiesen. Um sie herum befanden sich mehrere Lagen konzentrisch geschichteter, abgeflachter Zellen, offensichtlich Bindegewebszellen. BAKER und HAGAN konnten jedoch bei den von ihnen beschriebenen jungen proliferativen Veränderungen, bestehend aus Nestern von großen Rundzellen, nie eine fibröse Abkapselung beobachten. Die größeren Herde, besonders in der Leber, erwiesen sich meist als zentral nekrotisch. Die sich homogen mit Eosin anfärbenden Nekrosen waren umgeben von großen mononuklearen Zellen, die die Leberzellen verdrängten. Die Leberzellen selbst waren in diesen Bereichen geschwollen, zeigten eine Granulierung und wiesen nur noch eine undeutliche Kernzeichnung auf. Die das Gewebe durchziehenden Gefäße erschienen erweitert und waren zum Teil mit großkernigen Zellen vollgestopft. Gelegentlich wurden auch an den Gefäßendothelien Nekrosen beobachtet, wobei das Lumen der Gefäße Massen dichtverfilzter Bakterien und gelber Granula beherbergte. An der Peripherie der nekrotischen Bezirke in der Leber konnte ARONSON vereinzelt auch Riesenzellen mit zentral gelagerten Kernen beobachten. Außer ihm stellten lediglich BATAILLON, DUBARD und TERRE eine derartige Ausbildung von ein- und vielkernigen Riesenzellen in dem von ihnen untersuchten Fall fest. Letztgenannte fanden auch als einzige Anhäufungen von Leukocyten in der tuberkulösen Veränderung beim Karpfen. Den Lymphocyten der Säugetiere ähnliche Zellen wurden nie gefunden. Die in Milz und Rogen anzutreffenden Veränderungen glichen histologisch denen der Leber und brauchen deshalb nicht besonders besprochen zu werden. In den Nieren fanden sich gelegentlich größere Nekrosen, in denen sich bei gleichmäßig homogener Eosinfärbung keine Zellkerne mehr ermitteln ließen. Die speziell von JAHNEL untersuchten tuberkulösen Augenveränderungen ergaben, daß das hinter dem hervorgetretenen Auge gelegene Gewebe aus verschieden gestalteten epitheloiden Zellen mit deutlichem bläschenförmigem Kern bestand. Die dicht gelagerten Zellen zeigten die Tendenz, sich in die Gewebsspalten zwischen die Muskulatur zu drängen. Auch die Bulbi und der N. opticus waren vom gleichen Gewebe durchwuchert und zerstört. Entsprechend diesen Veränderungen fand SUTHERLAND auch in der Rückenmuskulatur bei einem Heilbutt tuberkulöse Veränderungen, wobei ebenfalls die Muskelbündel oft durch die granulomtösen Massen verdrängt wurden.

Abschließend sei erwähnt, daß alle Autoren in den tuberkulösen Herden, besonders aber in den nekrotischen Partien, massenhaft säurefeste Bakterien feststellen konnten. Vereinzelt wurden die Bakterien phagozytiert in den epitheloiden Zellen und Riesenzellen ermittelt. Leider können die hier ausschließlich der Literatur entnommenen Angaben nicht durch eigene Untersuchungsergebnisse und Abbildungen ergänzt werden. Sie müssen somit als Grundlage für die später anzustellenden Vergleiche herangezogen werden.

II. Experimentelle Tuberkulose bei Fischen

1. Nach Verimpfung von Kaltblütertuberkulosebakterien

a) Fälle aus der Literatur

Die bisher vorliegenden Ergebnisse sind in der Tabelle 1 zusammengefaßt. Als Erklärung für die unterschiedliche Bezeichnung des Impfmaterials mag darauf hingewiesen werden, daß stets die von den jeweiligen Autoren gewählte Benennung wiedergegeben wurde. Fehlende Angaben sind in den Tabellen durch einen Strich gekennzeichnet. Alle vorhandenen Ergebnisse werden als positiv bzw. negativ bezeichnet.

Den Ergebnissen der Tabelle ist zu entnehmen, daß die Infektion von Fischen mit verschiedenartigen Ktb.-Erregern überwiegend zu einem positiven Erfolg führte. Die in acht Fällen vorliegenden negativen Ergebnisse können auf verschiedene Ursachen, wie intramuskuläre Applikation oder auch zu geringe Impfdosis und dergleichen, zurückgeführt werden. Im einzelnen kann auf diese Frage hier nicht eingegangen werden.

Die zu beobachtenden *makroskopischen Veränderungen* im Verlauf der experimentell durch Ktb.-Erreger bedingten Tuberkulosen bei Fischen glichen fast völlig denen bei spontaner Fischtuberkulose. Selbstverständlich traten Differenzen durch die unterschiedliche Versuchsdauer auf. So konnte z. B. FRIEDMANN (1903, B) bei Karpfen nach nur viertägiger Versuchs-

Tabelle 1
Experimentelle Tuberkulose bei Fischen nach Verimpfung von Ktb.-Bakterien
(Fälle aus der Literatur)

Autor	Tierart	Impfmat.	Appl.	Haltungs-temp. (°C)	Versuchs-dauer	Ergebnisse		
						Bakt.	Path.	Histol.
Bataillon u. Terre (1897)	Karpfen	M. piscium	i. p.	—	1 Monat	pos.	–	–
Friedmann (1903, B)	Karpfen	Schildkr.-Tb.	i. p.	—	4 Tage	pos.	pos.	pos.
v. Betegh (1910, B)	Aal	Fischtb.	i. p.	—	10 bis 60 Tage	pos.	pos.	–
	Aal (Meeresfische)	Fischtb.	i. m.	—	1 Monat	pos.	pos.	—
	Sparusannulatus	Fischtb.	i. m.	—	3 Wochen	pos.	pos.	—
	Sparusannulatus	Fischtb.	i. p.	—	1 Jahr	neg.	neg.	—
	Mugil cephalus	Fischtb.	i. p.	—	1 Jahr	neg.	neg.	—
	Mugil cephalus	Fischtb.	i. m.	—	1 Jahr	neg.	neg.	—
	Serranus gadus	Fischtb.	i. p.	—	7 Monate	pos.	pos.	—
v. Betegh (1911, B)	Crenilabrus p.	Blindschl.-Tb.	i. p.	—	4 Tage	pos.	pos.	—
	Crenilabrus p.	Blindschl.-Tb.	i. m.	—	4 Tage	pos.	pos.	—
	Mugil cephalus	Blindschl.-Tb.	i. p.	—	10 Wochen	pos.	pos.	—
	Mugil cephalus	Blindschl.-Tb.	i. m.	—	10 Wochen	neg.	neg.	—
	Pagellus eryth.	Blindschl.-Tb.	i. m.	—	14 Tage	pos.	pos.	—
	Mugil cephalus	Schildkr.-Tb.	i. p.	—	10 Wochen	pos.	pos.	—
	Mugil cephalus	Schildkr.-Tb.	i. m.	—	10 Wochen	neg.	neg.	—
	Crenilabrus p.	Schildkr.-Tb.	i. p.	—	10 Wochen	neg.	neg.	—
	Crenilabrus p.	Schildkr.-Tb.	i. p.	—	14 Tage	pos.	pos.	—
	Pagellus eryth.	Schildkr.-Tb.	i. p.	—	10 Wochen	neg.	neg.	—
Maië, Sh. (1922)	Goldfisch	M. piscium	per os	20	5—41 Tage	neg.	neg.	—
	Goldfisch	M. piscium	Kiemen	20	5—41 Tage	pos.	—	—
	Goldfisch	M. piscium	Auge	20	5—41 Tage	pos.	pos.	—
	Goldfisch	M. piscium	i. m.	20	5—41 Tage	pos.	pos.	pos.
	Goldfisch	M. piscium	i. p.	20	5—41 Tage	pos.	pos.	—
Aronson (1926)	Goldfisch	Fischtb.	i. p.	—	15 Tage	pos.	—	—
	Goldfisch	M. marinum	i. p.	—	28 Tage	pos.	—	—
Jahnel (1940, A)	Danio malabaricus	Danio-malabaricus-Tb.	i. p.	18—25	4 Wochen	pos.	pos.	pos.
	Laube	Danio-malabaricus-Tb.	i. p.	18—25	8 Wochen	pos.	pos.	pos.
	Aal	Danio-malabaricus-Tb.	i. p.	18—25	8 Wochen	pos.	pos.	pos.
	Aitel	Danio-malabaricus-Tb.	i. p.	8—10	3 Monate	pos.	pos.	pos.
	Goldfisch	Danio-malabaricus-Tb.	i. abd.	-	8 Wochen	pos.	pos.	pos.
Baker u. Hagen (1942)	Goldfisch	Platyf.-Tb.	i. p.	Raumtemp.	1—2 Mon.	pos.	pos.	pos.
	Goldfisch	Platyf.-Tb.	per os	Raumtemp.	2 Monate	neg.	neg.	neg.
	Platyfisch	Platyf.-Tb.	per os	78 °F	2 Monate	pos.	pos.	pos.

dauer neben reichlichem hämorrhagischem Exsudat in der Peritonealhöhle lediglich auf Milz, Leber und Därmen fibrinöse Auflagerungen beobachten. Ähnlich sind auch die Befunde von v. Betegh (1910, B), der beim Aal nach zwölftägiger Versuchsdauer ziemlich viel rötliches, dickflüssiges Exsudat in der Leibeshöhle fand und feststellte, daß das Peritoneum matt war und die vergrößerte Leber unter der Kapsel kleine Blutungen zeigte. Ein vom gleichen Autor untersuchter weiterer Aal, der in gleicher Weise mit dem gleichen Material infiziert war, jedoch vier Monate im Versuch stand, ließ dagegen an der Impfstelle einen hanfkorngroßen Tumor mit einer kleinen Ulzeration erkennen. Afterwärts von diesem waren noch einige punktförmige Erosionen zu sehen. Der stark mit eitrigen Massen gefüllte Tumor war sowohl mit dem Peritoneum als auch mit dem Darm verwachsen. Gleichartige Veränderungen wie vorbeschrieben wurden, nur in geringerem Ausmaß, auch bei einem einen Monat im Versuch gewesenen Aal ermittelt. Bei den ebenfalls von v. BETEGH (1911, B) untersuchten Meeresfischen, die mit Ktb.-Bakterien infiziert worden waren, erwies sich das Peritoneum in den meisten Fällen als matt, und in der Bauchhöhle fand sich rötlichbraunes Exsudat. Darüber hinaus konnten auf dem Mesenterium zahlreiche kleine, gelblichgraue Knötchen, die dicht aneinander lagen, beobachtet werden. Desgleichen wurde eine miliare Tuberkulose der Leber festgestellt, bei der sich massenhaft graugelbe, stecknadelkopfgroße Knötchen auf der Leberoberfläche zeigten. Es wäre noch darauf zu verweisen, daß sich in der Bauchhöhle häufig eine gelbliche, leicht zerreißbare, fadenförmige Membran vorfand, die massenhaft säurefeste Bakterien enthielt. Den Untersuchungen von MAIË (1922) ist nur zu entnehmen, daß bei Goldfischen bei intramuskulärer Applikation Knötchen im Bereich der Impfstelle auftreten; nähere Angaben fehlen jedoch. Hingegen finden sich bei JAHNEL (1940, A) recht gute Beschreibungen. Er fand z. B. bei einer mit Kaltblütertuberkulose infizierten „Laube" (Alburnus) nach achtwöchiger Versuchsdauer in Leber und Milz zahlreiche Knötchen von gleicher Art wie bei spontaner Fischtuberkulose. Wie v. BETEGH konnte auch JAHNEL bei einem acht Wochen im Versuch gewesenen Aal bis erbsengroße „Abszesse" im Bereich der Impfstelle feststellen. Bei den ebenfalls infizierten Aiteln (Squalius cephalus) zeigten sich nach dreimonatiger Versuchsdauer in Milz und Leber zahlreiche gelbliche Herdchen. Die mit Goldfischen durchgeführten Versuche ließen schon nach zwei Wochen submiliare Herde erkennen. Nach acht Wochen waren diese bereits mohnkorngroß und mit bloßem Auge deutlich sichtbar. Das Zentrum der Knötchen ließ eine Nekrose erkennen, welche sich immer mehr nach der Peripherie ausbreitete. Zu den von BAKER und HAGAN (1942) angestellten Versuchen muß vorausschickend gesagt werden, daß diese Autoren ausschließlich die per-os-Applikation als brauchbare Methode ansehen, da es bei der intraperitonealen Verimpfung oft schwer sei, zwischen einer echten Invasionsfähigkeit und einem Schaden zu unterscheiden, den säurefeste Stäbchen hervorrufen, wenn sie — auch abgetötet — ins Gewebe gelangen. Die von ihnen ermittelten makroskopischen Veränderungen bei Goldfischen und Platyfischen glichen nach zweimonatiger Versuchsdauer denen, die sie bei spontan infizierten Platyfischen beobachtet hatten. Tuberkulöse Herde fanden sich in Leber, Milz, Nieren, Verdauungstrakt und auf den serösen Häuten.

Histologisch erwiesen sich die von FRIEDMANN beschriebenen frühzeitigen Veränderungen (nach vier Tagen) in der Niere als hochgradige interstitielle Infiltrationen mit kleinen Rundzellen, wobei viele Harnkanälchen mit homogenisierten Blutzylindern ausgegossen waren. Auf der Nierenoberfläche, in Milz, Peritonealschwarten, Leber und Darmwand fanden sich Tuberkulosebakterien. Die von v. BETEGH nach zehnwöchiger Versuchsdauer ermittelten Organveränderungen erwiesen sich im histologischen Schnitt als typische Tuberkel. Sowohl unter der Leberkapsel als auch im Parenchym ließen sich zahlreiche Tuberkel nachweisen, welche sich in verschiedenen Entwicklungsstadien befanden.

Im Zentrum der Tuberkel sind bündelförmige Tuberkulosebakterien sichtbar. Um die jüngsten Tuberkel herum finden sich einzelne eliminierte Zellen mit getrübtem Protoplasma, deren Konturen noch ziemlich scharf sind. An anderen Stellen sind diese Zellen homogen, die Umrisse verfließen mit den Grenzen des Tuberkels, und hier und da lassen sich mehr oder weniger konturierte Zellkerne nachweisen. An der Peripherie des Tuberkels sieht man spindelförmige Zellen, welche konzentrisch rings um den Tuberkel geschichtet sind. Das Plasma der Leberzellen in der Umgebung des Tuberkels ist getrübt, und die Konturen der Zellkerne sind leicht verschwommen. Daneben sind zahlreiche Leukocyten zu finden. Der zentrale Teil der größeren Tuberkel ist sehr homogen. Riesenzellen wurden nie beobachtet. In der Arbeit von MAIË über Versuche mit Goldfischen wird nur erwähnt, daß sich keine Riesenzellen in den tuberkulösen Herden fanden, dagegen aber kleine Verkäsungen und eine starke Infiltration von Rundzellen und leprazellartigen Phagocyten. Diese Befunde wurden durch die Beobachtungen von JAHNEL ergänzt. Er fand bei den infizierten Danio malabaricus nach vier Wochen in den Organen in großer Zahl Epitheloidzellknötchen. Daneben bestand eine produktive Serositis. Säurefeste Stäbchen fanden sich nur in diesen Knötchen und den epitheloidzellreichen Auflagerungen. Bei der ebenfalls von ihm infizierten „Laube" zeigten die Schnitte Knötchen und peritonitische Auflagerungen, wie eben erwähnt, doch konnten daneben in diesem Fall zahlreiche typische Riesenzellen mit randständigen Kernen beobachtet werden. Sie ähnelten weitgehend den Langhansschen Riesenzellen der Säuger. Die beim Aal nach der Infektion aufgetretenen erbsengroßen „Abszesse" enthielten zahlreiche mononukleäre Leukocyten und säurefeste Stäbchen. Die gleichzeitig ausgebildete umfangreiche Verschwartung in der Leibeshöhle erwies sich dagegen histologisch als epitheloidzellig und aus fibroblastenähnlichen Zellen bestehend. Auffällig war die starke Neigung des Gewebes, riesenzellähnliche Synzytien zu bilden, bei denen die Kerne jedoch nicht so deutlich peripher wie bei Langhansschen Riesenzellen, sondern mehr oder weniger diffus verteilt gelagert waren. Bei den Versuchen mit Aiteln sah JAHNEL in den histologischen Schnitten in Leber und Herz, ganz besonders aber in Milz und Nieren zahlreiche kleine Epitheloidzellherdchen und in diesen bei entsprechender Färbung kurze säurefeste Stäbchen in großer Menge, so daß es erstaunlich schien, daß die Fische bei einer derartigen Überschwemmung aller Organe mit Bakterien und pathologischem Gewebe zu Lebzeiten nicht mehr Krankheitserscheinungen zeigten. Schließlich bleibt noch darauf hinzuweisen, daß bei den infizierten Goldfischen bereits nach zwei Wochen im histologischen Schnitt eine deutliche Bildung von Epitheloidzellknötchen zu sehen war. Vor Ablauf der achten Versuchswoche begannen die Epitheloidzellen der Knötchen im Zentrum nekrotisch zu werden. Im weiteren Verlauf breitete sich die Nekrose dann immer weiter zur Peripherie hin aus. Abschließend wäre noch zu erwähnen, daß die von BAKER und HAGAN bei Goldfischen und Platyfischen experimentell erzeugten Veränderungen histologisch jungen proliferativen Veränderungen bei Säugetieren glichen. Sie bestanden größtenteils aus großen Rundzellen, die in Nestern angeordnet waren, und ließen nur ganz vereinzelt wenig Bindegewebe erkennen. Riesenzellen wurden niemals gesehen. In den beobachteten Rundzellen konnten sehr leicht, sowohl einzeln als auch in Klumpen, säurefeste Stäbchen nachgewiesen werden.

b) Eigene Untersuchungen

Die Zahl der von uns an Fischen mit Ktb.-Bakterien vorgenommenen Versuche ist leider nur sehr klein. Zeitlich bedingte Unterbringungs- und Haltungsschwierigkeiten ließen uns zunächst nur einige Testversuche durchführen. Die Ergebnisse gibt die Tabelle 2 wieder.

Tabelle 2
Experimentelle Tuberkulose bei Fischen nach Verimpfung von Ktb.-Bakterien (eigene Untersuchungen)

Lfd. Nr.	Tierart	Impfmat.	Appl.	Temp. (°C)	Versuchsdauer	Ergebnisse		
						Bakt.	Path.	Histol.
1.	Schlei	Pythontb.	i. p.	25—30	7 Tage	pos.	neg.	neg.
2.	Schlei	Pythontb.	i. p.	25—30	7 Tage	pos.	neg.	neg.
3.	Schlei	Pythontb.	i. p.	25—30	7 Tage	pos.	neg.	neg.
4.	Cichlide	Kaimantb.	i. p.	25—30	45 Tage	pos.	pos.	pos.

Die ersten drei Schleie wurden mit je 0,5 ml einer Aufschwemmung von Pythontb. intraperitoneal infiziert. Sie verendeten alle drei nach sieben Tagen, ohne jedoch makroskopische oder mikroskopische Veränderungen aufzuweisen. Lediglich bakteriologisch ließen sich aus allen Organen säurefeste Stäbchen nachweisen. Das vierte Versuchstier, ein Cichlide, wurde in der gleichen Weise mit Kaimantb. infiziert. Sechs Wochen post infectionem wurde dieses Tier getötet. *Makroskopisch* konnten bei ihm nach Eröffnung der Bauchhöhle mit bloßem Auge keine Veränderungen ermittelt werden. Bei genauer Betrachtung der Organe mittels Lupe zeigten sich jedoch auf der Milz massenhaft und auf der Leber vereinzelt kleine weiße Stippchen. Die *histologische Untersuchung* bestätigte die makroskopischen Befunde. Das gesamte Milzparenchym war dicht durchsetzt mit submiliaren und miliaren, meist kreisrunden Herden (Abb. 1). In ihrem Aufbau glichen sie völlig den tuberkulösen Veränderungen, die bei Fischen von den vorgenannten Autoren beschrieben und abgebildet wurden. Neben Herdchen, die fast ausschließlich aus Zellen mit chromatinarmen und blasigen Kernen bestanden, fanden sich solche, die vom Zentrum ausgehend eine zum Teil konzentrisch geschichtete Nekrose erkennen ließen (Abb. 2). Fettinfiltrationen konnten weder in den Nekrosen noch in den zelligen Granulomen ermittelt werden. An silberimprägnierten Schnitten konnte festgestellt werden, daß es in den reinzelligen Herden zu einer ausgeprägten, jedoch sehr feinfaserigen Gitterfaserneubildung kommt. Besonders engmaschige Fasernetze fanden sich vor allem an der Peripherie dieser Herde. Die bereits zentral verkäsenden Veränderungen ließen eine starke argyrophile Körnelung in ihrem Zentrum erkennen. Peripher zu diesen Nekrosen wurde stets ein grobes, zum Teil konzentrisch geschichtetes Fasernetz angetroffen.

2. Nach Verimpfung von humanen, bovinen und aviären Tuberkulosebakterien sowie saprophytären, abgetöteten und anderen säurefesten Bakterien

a) Fälle aus der Literatur

Der Besprechung der vorliegenden Untersuchungsergebnisse sei zunächst eine Zusammenstellung der verschiedenen Versuche vorausgeschickt (Tab. 3).

Tabelle 3
Experimentelle Tuberkulose bei Fischen nach Verimpfung von humanen, bovinen und aviären Tuberkulosebakterien sowie abgetöteten, saprophytären und anderen säurefesten Bakterien (Fälle aus der Literatur)

Autor	Tierart	Impfmat.	Appl.	Haltungs-temp. (°C)	Versuchs-dauer	Ergebnisse Bakt.	Ergebnisse Path.	Ergebnisse Histol.
Combemale (1893)	Karpfen Karpfen	Tb. hum. Tb. hum.	per os i. p.	— —	— —	neg. neg.	neg. neg.	— —
Dubard (1897)	Fische	Tb. hum.	i. p.	—	—	pos.	pos.	pos.
Bataillon u. Terre (1897)	Karpfen	Tb. hum.	i. p.	—	—	pos.	—	—
Bataillon, Dubard u. Terre (1897)	Karpfen Karpfen	Tb. hum. Tb. hum.	i. p. per os	— —	12 Tage 11 Tage	pos. pos.	pos. —	— —
Nicolas u. Lesieur (1899)	Karpfen Goldfische	Tb. hum. Lungengew.	per os per os	12 12	2—7 Monate 4—8 Monate	pos. pos.	neg. neg.	neg. neg.
Hormann u. Morgenroth (1899)	Goldfisch	Tb. hum.	per os	—	4 Monate	pos.	neg.	—
Morey (1900)	Karpfen Schleie	Tb. hum. Tb. hum.	i. p. i. p.	— —	— 7—45 Tage	pos. pos.	pos. pos.	— pos.

Fortsetzung von Tab. 3

Autor	Tierart	Impfmat.	Appl.	Haltungs-temp. (°C)	Versuchs-dauer	Ergebnisse		
						Bakt.	Path.	Histol.
v. Betegh (1910, B)	Aal	Tb. hum.	i. p.	—	2 Monate	neg.	neg.	—
	Aal	Tb. hum.	i. m.	—	2 Monate	neg.	neg.	—
Bertarelli u. Bocchia (1910)	Goldfisch	Tb. hum. Sputum	i. p.	—	4½ Monate	pos.	neg.	neg.
	Goldfisch	Tb. hum.	i. p.	—	4½ Monate	pos.	neg.	neg.
v. Betegh (1910)	Aal	Tb. bov.	i. p.	—	2 Monate	neg.	neg.	—
	Aal	Tb. bov.	i. m.	—	2 Monate	neg.	neg.	—
Bertarelli u. Bocchia (1910)	Goldfisch	Tb. bov.	i. p.	—	4½ Monate	pos.	neg.	neg.
Bataillon u. Terre (1897)	Karpfen	Tb. gall.	i. p.	—	—	pos.	—	—
v. Betegh (1910, B)	Aal	Tb. gall.	i. p.	—	1 Monat	pos.	neg.	—
	Aal	Tb. gall.	i. m.	—	2 Monate	neg.	neg.	—
Bertarelli u. Bocchia (1910)	Goldfisch	Tb. gall.	i. p.	—	4½ Monate	pos.	pos.	pos.
Dubard (1897)	Fische	abget. Tb. hum.	i. p.	—	—	pos.	pos.	pos.
Maië (1922)	Goldfische	sf. Saprophyten (M. aquae)	Auge	20	5–8 Tage	pos.	neg.	neg.
	Goldfische	sf. Saprophyten (M. aquae)	i. p.	20	7–126 Tage	pos.	neg.	neg.
	Goldfische	sf. Saprophyten (M. aquae)	s. c.	20	44 Tage	pos.	neg.	neg.
Baker u. Hagan (1942)	Goldfisch	sf. Saprophyten	per os	—	3–15 Tage	neg.	neg.	neg.
	Goldfisch	sf. Saprophyten	i. p.	—	3–15 Tage	pos.	—	—
	Platyfisch	sf. Saprophyten	per os	—	3–15 Tage	neg.	neg.	neg.
Couret u. Maurice (1911)	Goldfische	Leprabakterien	i. p.	12	—	pos.	—	—
Maië (1922)	Goldfische	Leprabakterien	Gehirn	20	3 Tage	pos.	neg.	neg.
	Goldfische	Leprabakterien	Gehirn	20	131 Tage	pos.	neg.	neg.
	Goldfische	Leprabakterien	Auge	20	1 Tag	neg.	neg.	neg.
	Goldfische	Leprabakterien	Auge	20	168 Tage	neg.	neg.	neg.
	Goldfische	Leprabakterien	i. p.	20	52–99 Tage	pos.	neg.	neg.
	Goldfische	Leprabakterien	s. c.	20	99–100 Tage	pos.	neg.	neg.

Die Ergebnisse der vorliegenden Untersuchungen sind recht unterschiedlich. Von den fünfzehn vorgenommenen experimentellen Versuchen mit humanen Tuberkulosebakterien an Fischen verliefen vier völlig negativ. Pathologisch-anatomische Veränderungen fanden sich bei vier der elf bakteriologisch positiven Fälle, und histologische Beschreibungen werden nur bei drei dieser Fälle gegeben. Über die Verimpfung boviner Tuberkulose an Fischen sind uns nur drei Versuche bekannt geworden, von denen einer bakteriologisch positiv verlief. Von den vier mit aviärer Tuberkulose durchgeführten Versuchen blieb einer völlig negativ, jedoch sind auch hier nur von einem Fall pathologisch-anatomische und histologische Angaben vorhanden.

Interessant erscheint der von DUBARD erhobene Befund nach Verimpfung abgetöteter humaner Tuberkulosebakterien an Fischen, bei dem sowohl der mikroskopische Nachweis der injizierten abgetöteten Bakterien noch möglich war als auch das Auftreten von makroskopischen und histologischen Organveränderungen beobachtet wurde.

Die mit saprophytären säurefesten Bakterien vorgenommenen Infektionen müssen, trotz des in den meisten Fällen erfolgten bakteriologischen Nachweises der verimpften Bakterien im Fischorganismus, als negativ bewertet werden, da niemals Organveränderungen durch sie hervorgerufen wurden.

Die ebenfalls an Fischen vorgenommenen Versuche mit säurefesten Leprabakterien sollen hier nur der Vollständigkeit halber erwähnt werden. Eine eingehende Besprechung erübrigt sich jedoch, da keine pathologischen Veränderungen beobachtet wurden.

Die im Verlauf der Versuche ermittelten *makroskopischen Veränderungen* lassen trotz der Verwendung verschiedener Erregertypen eine gewisse Übereinstimmung erkennen. DUBARD (1897) konnte neben einem Ascites und Verklebungen der Organe auch eine typische Tuberkelbildung beobachten. Gleichartige Angaben finden sich bei BATAILLON, DUBARD und TERRE (1897), die nach der Verimpfung humaner Tuberkulosebakterien intraperitoneal einen starken Ascites und am 12. Tage post infectionem Granulationen feststellten, die sich angeblich in nichts von denen bei Säugern unterschieden. Auch MOREY (1900) gibt an, daß die durch humane Tuberkulosebakterien bei Fischen hervorgerufenen Veränderungen denen bei Säugetieren glichen. In der Leibeshöhle fanden sich schleimige Massen sowie kleine Tuberkel auf Leber und Milz. Bei den bovin infizierten Fischen wurden keine makroskopischen Veränderungen festgestellt. BERTARELLI und BOCCHIA (1910) konnten dagegen bei einem mit aviärer Tuberkulose infizierten Fisch auf der Leberoberfläche ein hirsekorngroßes, weißliches Knötchen beobachten. Ein weiteres, 1,5 mm im Durchmesser messendes Knötchen fand sich in der Wirbelgegend in der Nähe des Kiemenapparates. Aus beiden Knötchen konnten massenhaft säurefeste Stäbchen nachgewiesen werden. Bei der Verimpfung von abgetöteten Tuberkulosebakterien soll es nach DUBARD zur Entstehung typischer tuberkulöser Granulome kommen. Leider stehen uns keine genaueren Beschreibungen zur Verfügung.

Die *histologischen* Angaben über die mit humaner Tuberkulose infizierten Fische sind völlig unzureichend. Es wird meist nur darauf verwiesen, daß die tuberkulösen Veränderungen denen beim Menschen gleichen. Über die Versuche mit boviner Tuberkulose finden sich gar keine histologischen Angaben. Die einzige Beschreibung über einen aviär infizierten Goldfisch gaben BERTARELLI und BOCCHIA. Sie konnten in der Leber Knötchen feststellen, die sich kaum vom umgebenden Gewebe abgrenzten. An der Peripherie der Herdchen fanden sich wenige schmale Bindegewebszellen und einzelne Leukocyten. Im Zentrum der Herde wurde eine Degeneration beobachtet. Riesenzellen fehlten ganz. Die Autoren wiesen noch besonders darauf hin, daß histologisch das Knötchen beim Goldfisch wenig Gemeinsames mit den Tuberkeln der Säuger hat.

b) Eigene Untersuchungen

Die Zahl der von uns mit Wtb.-Erregern infizierten Fische ist nur gering. Wir beschränkten uns bei diesen Versuchen ausschließlich auf die intraperitoneale Verimpfung von jeweils 0,5 ml einer Tb.-bov.-Aufschwemmung. Einen Überblick über die Versuche gibt die Tabelle 4.

Tabelle 4
Experimentelle Tuberkulose bei Fischen nach Verimpfung von bovinen Tuberkulosebakterien (eigene Untersuchungen)

Lfd. Nr.	Tierart	Impfmat.	Appl.	Temp. (°C)	Versuchs-dauer	Ergebnisse		
						Bakt.	Path.	Histol.
1.	Schlei	Tb. bov.	i. p.	25—30	6 Tage	pos.	neg.	neg.
2.	Schlei	Tb. bov.	i. p.	25—30	5 Wochen	pos.	neg.	neg.
3.	Schlei	Tb. bov.	i. p.	25—30	5 Monate	pos.	neg.	neg.
4.	Schlei	Tb. bov.	i. p.	25—30	5 Monate	pos.	neg.	neg.
5.	Cichlide	Tb. bov.	i. p.	25—30	4 Wochen	pos.	pos.	pos.
6.	Cichlide	Tb. bov.	i. p.	25—30	10 Wochen	pos.	pos.	pos.
7.	Cichlide	Tb. bov.	i. p.	25—30	10 Wochen	pos.	pos.	pos.
8.	Cichlide	Tb. bov.	i. p.	25—30	10 Wochen	pos.	pos.	pos.

Aus uns nicht erklärlichen Gründen konnten wir bei einer bovinen Infektion bei den Schleien trotz fünfmonatiger Versuchsdauer keine tuberkulösen Veränderungen hervorrufen. Bakteriologisch ließen sich jedoch kulturell in den Organen die Tuberkulosebakterien wieder nachweisen. Im Gegensatz hierzu zeigten alle vier von uns infizierten Cichliden deutlich tuberkulöse Veränderungen.

Makroskopisch konnten bei zwei Cichliden grauweiße feine Beläge auf Milz und Leber sowie im Bereich des Mesenteriums mit bloßem Auge festgestellt werden. Bei Lupenbetrachtung zeigten sich bei allen vier Cichliden typische miliare, grauweiße Herdchen in Milz und Leber.

Die *histologische Untersuchung* bestätigte die makroskopischen Befunde. Lediglich in Milz und Leber und in einem Fall auf den serösen Häuten der Leibeshöhle fanden sich tuberkulöse Granulome. Dabei zeigte es sich, daß die Veränderungen bei allen vier Tieren in der Milz stärker waren als in der Leber. Grundsätzlich kann gesagt werden, daß die angetroffenen Gewebsveränderungen nach Verimpfung boviner Tuberkulosebakterien völlig denen nach Verimpfung von Ktb.-Bakterien glichen. Die auf der Serosa der Leibeshöhle beobachteten submiliaren Tuberkel erwiesen sich als rein zellige Knötchen, die sich um die Gefäße ausgebildet hatten. Das Granulationsgewebe bestand ausschließlich aus Epitheloidzellen. Außer den nekrobiotischen Veränderungen an den im Tuberkel eingeschlossenen Gefäßendothelien konnten keine größeren Nekrosen in diesen Herdchen beobachtet werden. Die Knötchen in der Leber ließen dagegen wieder die typische kreisrunde Form erkennen (Abb. 3). Das Zentrum dieser Tuberkel war häufig homogen nekrotisch und von einem Saum blasigkerniger Zellen umgeben. Den Abschluß an der Peripherie bildeten ein- und mehrschichtige Lagen konzentrisch angeordneter Bindegewebszellen. Die zahlreichen Knötchen in der Milz ließen mehr oder weniger alle Stadien der tuberkulösen Entzündung erkennen. Die frühesten Veränderungen zeigten sich als Zusammenlagerung einiger Epitheliodzellen, die von einem schmalen Saum einer lymphozytären Zellinfiltration umgeben waren. Neben diesen submiliaren, wenig spezifischen Herdchen fanden sich etwas größere, rein zellige Herde, die sich ausschließlich aus den oben bereits beschriebenen Epitheloidzellen zusammensetzten. Ganz vereinzelt konnten verstreut in diesen Tuberkeln Lymphocyten beobachtet werden. Eine bindegewebige Abgrenzung zum umgebenden Organgewebe fehlte in diesem Stadium noch. Im weiteren Verlauf begann das Zentrum der Knötchen nekrotisch zu werden. In der sich stark eosinfärbenden Nekrose waren meist noch deutlich pyknotische Kernreste zu erkennen (Abb. 4). Mit der

Vergrößerung der nekrotischen Partien setzte gleichzeitig eine Umbildung der dem nekrotischen Zentrum anliegenden Epitheloidzellen ein. Sie wandelten sich zu abgeflachten, spindelkernigen Zellen um und lagen, mehrschichtig angeordnet, an der Peripherie der Nekrose. In der nekrotischen Masse selbst fanden sich zu diesem Zeitpunkt nur noch dicht gelagert Kerntrümmer. An der Peripherie des Tuberkels begann gleichzeitig eine, wenn auch oft nur einschichtige, bindegewebige Abgrenzung zum umgebenden Milzparenchym. Das Milzparenchym in der Umgebung der Tuberkel verhielt sich stets völlig reaktionslos (Abb. 5). Schließlich führte das periphere Fortschreiten der Nekrose zur vollständigen nekrotischen Umwandlung der Tuberkel. Auffällig war in diesen Herden die ringförmige Schichtung der Nekrose, die offensichtlich auf die mehrmalige bindegewebige Abgrenzung der sich immer wieder ausbreitenden Nekrose zurückzuführen ist. Eine starke Anhäufung von Kerntrümmern im Bereich dieser Bindegewebsschichtung ließ dieselben noch stärker hervortreten. Daneben fanden sich in solchen Herden häufig Zusammenballungen von groben, braunen Pigmentkörnchen. An der Peripherie dieser Tuberkel konnte stets eine mehrschichtige bindegewebige Abgrenzung festgestellt werden (Abb. 6). Trotz der zum Teil ausgedehnten Nekrosen konnte in dem tuberkulösen Granulationsgewebe nur in ganz vereinzelten Fällen eine minimale feintropfige Fettinfiltration ermittelt werden, wobei in erster Linie die peripheren Randpartien der Nekrosen die Fetttröpfchen aufwiesen. Zu einer Gitterfaserneubildung in den Tuberkeln kam es genauso wie nach der Verimpfung von Ktb.-Erregern.

Abschließend muß noch besonders darauf hingewiesen werden, daß in den oben beschriebenen Tuberkeln stets zahlreiche säurefeste Stäbchen nachgewiesen werden konnten. In den nach Ziehl-Neelsen gefärbten Schnitten konnten besonders in den nekrotischen Herden zu dichten Bündeln zusammengelagerte säurefeste Bakterien beobachtet werden. Diese Tatsache überraschte insofern, als sonst nur bei Ktb.-Infektionen in den nach Ziehl-Neelsen gefärbten Schnitten so große Mengen säurefester Bakterien gefunden wurden. Die Vermutung, daß es sich in unseren vier positiven Versuchsfällen um eine zufällige spontane Ktb.-Infektion gehandelt haben könnte, ist unwahrscheinlich, da zwei nicht geimpfte Cichliden aus der gleichen Gruppe zur gleichen Zeit getötet wurden und keinerlei Veränderungen erkennen ließen.

III. Zusammenfassender Überblick über die spontane und experimentelle Tuberkulose der Fische

Spontantuberkulosen wurden bei Fischen recht häufig festgestellt. Aus einer Zusammenstellung von VOGEL (1958) geht hervor, daß bisher bei 10 verschiedenen Ordnungen, 34 Familien, 85 Gattungen und 123 Arten Tuberkulose nachgewiesen werden konnte. Fischtuberkulose wurde sowohl bei Süßwasserfischen als auch bei Meeresfischen beobachtet. Sie kommt bei Kaltwasserfischen und bei Fischen aus tropischen Gebieten vor. Daraus kann geschlossen werden, daß die Erreger der Fischtuberkulose genauso wie die Erreger der Warmblütertuberkulose in weltweiter Verbreitung auftreten. Im Verlauf zahlreich durchgeführter Versuche erwiesen sich die Fische auch gegenüber den Erregern der Warmblütertuberkulose als empfänglich.

Die anatomischen Veränderungen sind die gleichen wie bei der Kaltblütertuberkulose. Die durch Warmblütertuberkulose bedingte Fischtuberkulose scheint jedoch weit langsamer und ohne eine Generalisation zu verlaufen.

Der Infektionsweg bei spontaner Infektion ist zur Zeit noch recht ungeklärt. Eine *aerogene Infektion* scheidet bei den Fischen aus. Man hat zwar ganz vereinzelt (SUTHERLAND, 1922; ARONSON, 1926) auch an den Kiemen tuberkulöse Veränderungen gefunden, wobei aber berücksichtigt werden muß, daß die Kiemen nicht den Lungen der landlebenden Wirbeltiere entsprechen, sondern als Kiemendarm ein Teil des Darmkanals sind. Ein typischer Primärkomplex wie bei den Säugern ist bisher bei Fischen nicht beobachtet worden. Eine primäre Hauttuberkulose wurde nur einige Male beschrieben (JAHNEL, 1940 B, u. a.). Als häufigster Infektionsweg muß die intestinale Infektion angesehen werden. Hierfür spricht besonders die Beobachtung, daß Leber und Milz in erster Linie von der Tuberkulose betroffen sind. Daß eine experimentelle per-os-Infektion bei Fischen sehr viel schwieriger ist als eine parenterale Infektion, spricht noch keineswegs gegen die Annahme einer häufigen alimentären Infektion, denn es ist bekannt, daß auch beim Säuger die Infektion per os, wenigstens im erwachsenen Stadium, nur bei massenhafter Einverleibung der Erreger möglich ist. Ob Jungfische empfänglicher für eine intestinale Infektion sind als erwachsene Tiere, ist noch nicht nachgeprüft worden.

Die Untersuchung der spontanen und experimentellen Tuberkulose der Fische ließ erkennen, daß die Fische gegenüber den Erregern der Kaltblütertuberkulose *sehr empfänglich* sind, offensichtlich weit empfänglicher als für die Ereger der Warmblütertuberkulose. Unabhängig von der Art der Infektion verläuft die Tuberkulose der Fische stets chronisch. Bei experimenteller Übertragung von Ktb.-Bakterien wurden von einigen Autoren bereits nach vier Tagen deutliche tuberkulöse Veränderungen festgestellt. Demgegenüber liegen aber auch Berichte über gleichartige Versuche von siebenmonatiger Dauer vor. In welchem Zeitraum nach einer experimentellen Ktb.- oder Wtb.-Infektion bei Fischen ein spontaner Tod eintritt, kann leider nicht gesagt werden, da alle Tiere schon vorher getötet wurden. Für eine nur geringe Pathogenität der Ktb.-Erreger spricht die Beobachtung, daß in den tuberkulös veränderten Organabschnitten stets große Mengen der Erreger nachweisbar waren, Mengen, wie sie beim Säuger und beim Vogel nach den bisherigen Erfahrungen nicht vorkommen.

Das anatomische Bild der Fischtuberkulose erweist sich nach Infektionen mit Ktb.- und Wtb.-Bakterien als weitgehend gleichartig. Die makroskopisch sichtbaren Veränderungen finden sich in erster Linie in Milz und Leber. Daneben sind des öfteren auch die Nieren, das Herz und die serösen Häute der Leibeshöhle mit befallen. Die zu beobachtenden festen, grauweißen, meist scharf abgegrenzten Herde variieren in ihrer Größe zwischen 1 und 8 mm und sind meist von derber Konsistenz. Bei intraperitonealer Verimpfung kommt es schon nach wenigen Tagen zu einer unspezifischen haemorrhagisch fibrinösen Serositis, die nach etwa zwei bis drei Wochen in eine produktive Serosentuberkulose mit Verwachsungen mit den benachbarten Organen übergeht. Die Fischtuberkulose läßt eine ausgesprochene *Tendenz zur Lokalisierung* erkennen. Die tuberkulösen Veränderungen werden schon sehr früh durch Gitterfaserbildung und später auch durch Bildung kollagener Fasern von dem umgebenden Gewebe abgegrenzt. Gemeinsam mit der Tuberkulose aller anderen Wirbeltiere zeigt die durch Ktb.-Erreger hervorgerufene Tuberkulose die *Tendenz zur Generalisation.* Mit zunehmender Größe der Tuberkel, die im Anfang den typischen Bau eines Epitheloidzellentuberkels aufweisen, kommt es auch zu einem zentralen Zerfall, der schichtweise nach der Peripherie fortschreiten kann. Insofern ähnelt die Fischtuberkulose der Vogeltuberkulose, bei welcher man ebenfalls häufig eine konzentrisch geschichtete Verkäsung nachweisen kann.

Fettinfiltrationen im epitheloidzelligen Granulationsgewebe sowie eine Verfettung und eine Verkalkung der abgestorbenen Partien sind beim Fisch niemals beobachtet worden. In der Regel fehlt auch eine Kavernenbildung und eine Einschmelzung der abgestorbenen zentralen Partien. Eine Ausnahme scheint in dieser Beziehung allerdings der Aal zu machen, bei dem mehrfach eiterartige Einschmelzungen tuberkulöser Prozesse beschrieben wurden. Riesenzellbildung ist bisher nur ganz vereinzelt bei der Fischtuberkulose festgestellt worden. Sie gehört wenigstens nicht zu dem üblichen Bild der Fischtuberkulose. Häufig zeigten sich dagegen in den epitheloidzelligen Tuberkeln Pigmentzellen, die als Histiocyten am Aufbau der Tuberkel beteiligt sind. Durch Verimpfung von abgetöteten humanen Tb.-Bakterien bei Fischen konnten gleichartige Veränderungen hervorgerufen werden wie nach der Verimpfung von virulenten humanen Tb.-Bakterien. Experimente an Fischen mit saprophytären säurefesten Mykobakterien und Leprabakterien ließen weder makroskopisch noch histologisch Veränderungen erkennen.

Abschließend kann festgestellt werden, daß die Tuberkulose der Fische eine echte tuberkulöse Entzündung von mehr proliferativem Typus darstellt.

Die Tuberkulose der Amphibien

I. Die spontane Tuberkulose der Amphibien

a) Fälle aus der Literatur

Die Zahl der bisher beschriebenen spontanen Tuberkulosefälle bei *Amphibien* ist im Gegensatz zu denen bei Fischen nur sehr klein und erstreckt sich bisher nur auf Frösche. Die Angaben über die Morphologie der auftretenden Organveränderungen sind ebenfalls recht unzureichend.

Bei dem ersten von RUPPRECHT (1904) beschriebenen Fall einer spontanen Froschtuberkulose wurden ausschließlich in der Leber tuberkulöse Veränderungen ermittelt. Die gleiche Feststellung machte auch KÜSTER (1906), der weitere zwei Spontanfälle beobachten konnte. Die von LICHTENSTEIN (1921) beschriebene spontane Froschtuberkulose wies ebenfalls nur in der Leber tuberkulöse Herde auf. Gleichfalls fand GRIFFITH (1930, A) bei einem Frosch (Pseudis paradoxa) tuberkulöse Herde nur in der Leber.

Makroskopisch wiesen die Veränderungen gewisse Unterschiede auf. RUPPRECHT berichtet, daß die Leber stark vergrößert war und über die Oberfläche prominierende Knoten erkennen ließ. Die Herde lagen subperitoneal und waren von der Glissonschen Kapsel glatt überspannt. Die Größe der Herde schwankte zwischen Hirsekorngröße und 2 bis 4 mm. Allgemein setzten sich die unregelmäßig länglichen Knoten in die Tiefe des Parenchyms fort, wobei sie gegen das umliegende Lebergewebe scharf abgegrenzt waren, ohne jedoch sichtlich abgekapselt zu sein. Im Anschnitt waren sie nur zum Teil von fester, sonst aber von käsiger Konsistenz bei gleichmäßiger hellgelber Farbe. Im Gegensatz zu diesen Befunden konnte LICHTENSTEIN in der Leber eines Frosches nur eine gelblich aussehende, gegen das übrige Gewebe nicht scharf abgegrenzte Stelle beobachten, die im Innern mit einer rahmigen Masse gefüllt war.

Über die *histologische Untersuchung* gibt RUPPRECHT lediglich an, daß die erwähnten gelben Herde in der Leber sich nicht an allen Stellen gleichartig zum umgebenden Lebergewebe verhalten. Während nämlich stellenweise ein diffuses Eindringen des kranken Gewebes in das Parenchym, etwa nach der Art einer interstitiellen Hepatitis, festzustellen ist, wobei die Blutgefäße stark gefüllt erscheinen, bemerkt man an anderen Stellen, daß das Lebergewebe in der Umgebung der Herde ohne Reizzustände lediglich komprimiert ist. Über den zelligen Aufbau der tuberkulösen Herde selbst macht RUPPRECHT keine Angaben. Lediglich KÜSTER schreibt, daß die Leberherde epitheloidzellig aufgebaut sind, keine Riesenzellen aufweisen und öfter eine bindegewebige Abgrenzung erkennen lassen. In der Arbeit von LICHTENSTEIN wird nichts über histologische Befunde berichtet.

b) Eigene Untersuchungen

Durch die freundliche Überlassung des Materials von zwei weiteren, in den letzten Jahren neuerlich festgestellten Spontantuberkulosefällen bei einem *Rana tigrina* und einem *Corato-phrys americana* durch Herrn P. ZWART aus Utrecht ist es uns möglich geworden, selbst Untersuchungen an spontanen Amphibientuberkulosen anzustellen. In beiden Fällen konnten typische säurefeste Bakterien nachgewiesen werden, die bei 25 °C wuchsen und pathogen für andere Kaltblüter waren.

Makroskopisch zeigten sich auf der Oberfläche der Leber zahlreiche warzenähnliche weiße Neubildungen, in deren Umgebung das Lebergewebe etwas eingesunken war. Im Leberparenchym fanden sich runde Knötchen von etwa Stecknadelkopfgröße. Bei dem Rana tigrina zeigten sich weiterhin zwischen den Därmen und in den Lungen bis erbsengroße Tuberkel. Die Herzmuskulatur war mit kleinen weißen Herdchen durchsetzt. Bei dem Ceratophrys americana konnten darüber hinaus noch in den Nieren miliare weiße, etwas promonierende Herdchen ermittelt werden.

Die *histologische Untersuchung* ergab bei allen untersuchten Organen (Leber, Lungen, Nieren, Herz) im großen und ganzen stets das gleiche Bild.

Die kleinsten Herde zeigten sich als submiliare, rein zellige Tuberkel, die fast ausschließlich aus protoplasmareichen Zellen mit hellen, bläschenförmigen Kernen bestanden, also aus Zellen, die den Epitheloidzellen der Warmblüter entsprechen (Abb. 7). Eingestreut im Tuberkel fanden sich spärlich Lymphocyten. Eine Riesenzellbildung fehlte völlig, und es konnte auch keine bindegewebige Herdabgrenzung festgestellt werden.

In den miliaren und größeren Herden ließ sich im Zentrum bereits ein mit den Erscheinungen der Karyorhexis und Karyopyknose einhergehender Zellzerfall nachweisen (Abb. 8). Die hier zu beobachtende Nekrose entspricht wohl der sekundären Verkäsung des Säugertuberkels, unterscheidet sich von ihr aber dadurch, daß an die Stelle der Karyolyse vorwiegend eine Karyopyknose und Karyorhexis tritt. Peripher schließt sich an diese zentrale Zerfallszone ein Saum noch erhaltener Epitheloidzellen an, zwischen denen bei größeren Herden bereits eine Gitterfaserneubildung nachweisbar ist. Eine Neubildung von kollagenen Fasern, also eine bindegewebige Abkapselung, konnte in den Veränderungen der von uns untersuchten Fälle nicht nachgewiesen werden. Geringgradige, feintropfige Verfettungsvorgänge konnten lediglich im Zentrum der Nekrosen sowie in den Epitheloidzellen in der Übergangszone von der Nekrose zum intakten Granulationsgewebe ermittelt werden. In allen tuberkulösen Veränderungen ließen sich stets massenhaft säurefeste Stäbchen nachweisen. Besonders stark angehäuft waren sie in den nekrotischen Gewebspartien anzutreffen.

II. Experimentelle Tuberkulose bei Amphibien

1. Nach Verimpfung von Kaltblütertuberkulosebakterien

a) Fälle aus der Literatur

Die nachstehende Tabelle 5 gibt einen Überblick über die bisher in der Literatur festgehaltenen Versuche. Die stark wechselnden Bezeichnungen des verwendeten Impfmaterials und der Applikation ergeben sich aus den unterschiedlichen Angaben der verschiedenen Autoren.

In erster Linie wurden zu den in der Tabelle aufgeführten Versuchen verschiedene Arten einheimischer Frösche herangezogen, lediglich in drei Fällen wurden Kröten bzw. von vier Versuchern Kaulquappen verwendet.

Als Impfmaterial dienten verschiedene Ktb.-Erreger wie das Mycobacterium *piscium*, das Mycobacterium *marinum* sowie Tuberkulosebakterien aus Spontantuberkulosen von Blindschleichen, Schildkröten, Fröschen und von einem Kaiman.

Die Impfung erfolgte überwiegend subkutan, jedoch an verschiedenen Körperstellen. Daneben wurden aber auch intraperitoneale Injektionen bzw. per-os-Verabreichungen vorgenommen. Zahlreiche Versucher injizierten die Erreger in den dorsalen Lymphsack der Frösche. Die Versuchsdauer ist recht unterschiedlich und schwankt zwischen 9 und 237 Tagen, wobei nicht immer der spontane Tod abgewartet wurde, sondern meist eine vorzeitige Tötung der Versuchstiere erfolgte.

Die Ergebnisse der Infektionsversuche der verschiedenen Autoren sind sich in vielem sehr ähnlich. In den meisten Fällen konnte *bakteriologisch* der injizierte Erreger wieder nachgewie-

Tabelle 5
Experimentelle Tuberkulose bei Amphibien nach Verimpfung von Ktb.-Bakterien (Fälle aus der Literatur)

Autor	Tierart	Impfmat.	Appl.	Haltungs-temp. (°C)	Versuchs-dauer	Ergebnisse		
						Bakt.	Path.	Histol.
BATAILLON u. TERRE (1897)	Frösche	M. piscium	i. p.	—	15—45 Tage	pos.	pos.	pos.
LEDOUX-LEBARD (1900)	Frösche	Fischtb.	—	—	—	pos.	pos.	pos.
LUBARSCH u. MAYR (1901)	Frösche	Fischtb.	dors. Lymphsack	18—22	9 Tage 6 Wochen	pos.	pos.	pos.
	Frösche	Tb. Blindschl.	dors. Lymphsack	18—22	7 Tage 10 Wochen	pos.	pos.	pos.
	Frösche	Tb. Blindschl.	per os	18—22	3 bis 4 Wochen	pos.	pos.	neg.
FREYMUTH (1901)	Frösche und Kröten	M. piscium	i. p.	–	–	pos.	pos.	pos.
HERZOG (1902)	Frösche	Fischtb.	dors. Lymphsack	13—16	14 bis 15 Tage	pos.	pos.	pos.
	Frösche	Fischtb.	dors. Lymphsack	22	71 Tage	pos.	pos.	pos.
DIEUDONNÉ (1903)	Frösche	Fischtb.	s. c.	—		pos.	pos.	pos.
FRIEDMANN (1903, B)	Frösche	Schildkr.-Tb. Organmat.	i. p.	—	14 bis 28 Tage	pos.	neg.	neg.
	Frosch	Schildkr.-Tb. Organmat.	dors. Lymphsack	—	3 Wochen	pos.	pos.	pos.
	Frösche	Schildkr.-Tb. Organmat.	Haut-tasche	—	14 Tage	pos.	pos.	pos.
	Frosch	Schildkr.-Tb. Kultur	i. p.	—	14 Tage	pos.	pos.	pos.
	Frösche	Schildkr.-Tb. Kultur	dors. Lymphsack	—	11 Tage	pos.	pos.	pos.
	Frosch	Schildkr.-Tb. Kultur	Haut-tasche	—	24 Tage	pos.	pos.	pos.
KÜSTER (1903)	Kaulquappe	Froschtb.	per os	—	—	neg.	neg.	neg.
COHN (1906)	Frösche	Froschtb.	dors. Lymphsack	—	17 bis 31 Tage	pos.	pos.	—
KÜSTER (1906)	2 Frösche	Froschtb. Organmat.	i. p.	13—15	13 bis 16 Tage	pos.	—	—
	Frösche	Froschtb. Organmat.	i. p.	13—15	7 bis 33 Tage	pos.	pos.	pos.
	Frösche	Froschtb. Organmat.	s. c. Oberschk.	13—15	7 Tage	pos.	pos.	—
	Frosch	Froschtb. Organmat.	s. c. Rücken	13—155	234 Tage	pos.	neg.	—
	2 Frösche	Froschtb. Kultur	i. p.	13—15	14 bis 177 Tage	pos.	pos.	pos.

Fortsetzung von Tab. 5

Autor	Tierart	Impfmat.	Appl.	Haltungs-temp. (°C)	Versuchs-dauer	Ergebnisse		
						Bakt.	Path.	Histol.
KÜSTER (1903)	2 Frösche	Froschtb. Kultur	s. c. Wade	13—15	20 Tage	pos.	neg.	neg.
	5 Frösche	Froschtb. Kultur	s. c. Rücken	13—15	12 bis 304 Tage	pos.	pos.	pos.
	2 Frösche	Froschtb. Kultur	dors. Lymphsack	13—15	22 bis 116 Tage	pos.	pos.	—
	3 Frösche	Froschtb. Kultur	s. c. Rücken	13—15	7–8 Tage	pos.	pos.	neg.
	Kaulquappen	Froschtb.	per os	13—15	6 Wochen	pos.	neg.	neg.
MOSES (1907)	Kröten und Kaulquappen	Froschtb.	per os	—	14 Tage	pos.	neg.	—
SELIGMANN u. KLOPSTOCK (1919)	12 Frösche	Ktb.	dors. Lymphsack	—	2 ½ bis 4 Monate	pos.	pos.	pos.
ARONSON (1926)	2 Frösche	Fischtb.	i. p.	—	10–15 Tage	pos.	pos.	neg.
	2 Frösche	Fischtb.	i. p.	—	15–18 Tage	pos.	—	—
	2 Frösche	Fischtb.	dors. Lymphsack	—	28 Tage	pos.	pos.	—
ARONSON (1929)	Frosch	Thamnophis-sirtalis-Tb.	dors. Lymphsack	—	3–4 Tage	pos.	—	—
SADETTIN (1933)	Frosch	Thamnophis-sirtalis-Tb.	i. p.	—	—	pos.	pos.	—
	Frosch	Thamnophis-sirtalis-Tb.	dors. Lymphsack	—	—	pos.	pos.	—
NONIDEZ u. KAHN (1937)	Froschkaulquappen	M. marinum	per os	—	10–29 Tage	pos.	pos.	pos.
GRIFFITH (1941)	4 Kröten	Kaimantb.	s. c.	—	78 bis 582 Tage	pos.	pos.	—
	2 Frösche	Kaimantb.	s. c.	—	267 bis 280 Tage	pos.	pos.	—
	3 Kröten	Froschtb.	s. c.	—	43 bis 237 Tage	pos.	pos.	—
	2 Frösche	Froschtb.	s. c.	—	43 bis 237 Tage	pos.	pos.	--
	3 Frösche	Froschtb.	per os	—	86 bis 266 Tage	pos.	neg.	neg.
	2 Kröten	Schlangentb.	s. c.	—	42 bis 114 Tage	pos.	neg.	—
	1 Frosch	Schlangentb.	s. c.	—	42 bis 114 Tage	pos.	neg.	—
	1 Kröte	Schlangentb.	per os	—	114 Tage	neg.	neg.	neg.

sen werden, lediglich bei den Versuchen einer per-os-Verabreichung von Froschtb. an Kaulquappen durch KÜSTER (1903) und Verfütterung von Schlangentb. an eine Kröte durch GRIFFITH (1928, A) blieb der bakteriologische Nachweis negativ. Demgegenüber wurden jedoch bei gleichartigen Fütterungsversuchen durch MOSES (1907) und NONIDEZ und KAHN (1937) nach Verabreichung von Mycobacterium marinum an Froschkaulquappen sowohl bakteriologisch als auch pathologisch-anatomisch positive Ergebnisse erzielt.

Die von den verschiedenen Autoren beschriebenen *makroskopischen* Veränderungen zeigten eine weitgehende Übereinstimmung mit den bei spontanen Kaltblütertuberkulosen beobachteten Veränderungen. Fast in allen Fällen erwies sich die Leber als vergrößert und zeigte auf der Oberfläche submiliare bis stecknadelkopfgroße Herde. Daneben konnten bei längerer Versuchsdauer gelbliche, stark verkäste, bis erbsengroße Knoten festgesellt werden. Auf der ebenfalls vergrößerten Milz fanden sich meist in großer Zahl weißgraue miliare Herdchen. Demgegenüber wurden nur bei einigen Tieren auf den Nieren einzelne bis linsengroße Knötchen festgestellt. Entsprechend der unterschiedlichen Infektionsart konnten bei den subkutan infizierten Fröschen im Bereich der Impfstelle gelbe Knötchen, umgeben von gallertigen Massen, ermittelt werden. Bei den Tieren, bei denen die Impfung in die Lymphsäcke erfolgte, zeigten sich neben Knötchenbildung und fibrinösen Belägen im Lymphsack auch noch Hautveränderungen oberhalb der Lymphsäcke im Rückenbereich. Zum Teil nahmen diese Hautdefekte einen geschwürartigen Charakter an, wobei die Ränder von grauweißer Farbe waren und die darunterliegende Muskulatur sich als hochgradig hyperämisch erwies. Bei intraperitonealer Verimpfung konnten daneben oft zahlreiche submiliare Herde auf dem Mesenterium beobachtet werden. Nur in Einzelfällen wurden tuberkulöse Herde auf dem Epikard, der Pleura und in den Lungen festgestellt. Auch in diesen Organen erwiesen sich die älteren größeren Herde als nekrotisch-käsig.

Histologisch fanden sich in der Leber oft massenhaft miliare Herde. Sie bestanden aus großen Rundzellen, Pigmentzellen und Epitheloidzellen sowie einem peripheren Saum von Fibrocyten. Häufig wurden die Prozesse in unmittelbarer Nähe von Blutgefäßen angetroffen.

Die größeren, älteren Herde zeigten eine zentrale Verkäsung mit Anhäufungen von Kerntrümmern und einer peripher sich ausbildenden bindegewebigen Abgrenzung zum normalen Lebergewebe hin. Stets wird auf das massenhafte Vorhandensein von säurefesten Bakterien in den Veränderungen hingewiesen. In den Nieren fanden sich dichte Tuberkulosebakterienrasen sowohl in den Harnkanälchen als auch in den Glomeruli, die von rundlichen und spindligen Zellen mit azidophiler Granula umlagert waren. Daneben traten „Leukocyten" auf. Von Herzog (1903) konnte in der Niere eines Frosches eine ungefähr kirschgroße Neubildung festgestellt werden, deren Zentrum vollständig verkäst war. Um die Verkäsungsmassen fand sich in direkter Anlagerung ein breiter, bindegewebiger Wall. Das Nierengewebe in der Umgebung des Herdes war nekrotisch, wobei das Tubulusepithel zum Teil vollständig zerfallen war.

Die in den übrigen Organen anzutreffenden Veränderungen gleichen den bisher beschriebenen. Es bleibt noch darauf hinzuweisen, daß nur von Lubarsch und Mayr (1901) das Auftreten von Riesenzellen im Granulationsgewebe festgestellt wurde.

Zur Abrundung der von den verschiedenen Autoren erhobenen Befunde erscheint es angezeigt, noch etwas eingehender auf die von Nonidez und Kahn (1937) bei Kaulquappen gemachten Beobachtungen einzugehen, da es sich hier um Veränderungen bei Tieren in einem Larvenstadium handelt. Nonidez und Kahn konnten bei der histologischen Untersuchung der per os infizierten Kaulquappen eine bemerkenswerte Ähnlichkeit der tuberkulösen Veränderungen mit denen der Säuger feststellen. In den frühesten Stadien zeigten sich in der Wand des Darmtraktes Zellansammlungen um die Bakterien herum, die sowohl aus degenerierten Schleimzellen als auch aus Makrophagen bestanden. Später vergrößerte sich die Zahl der Zellen, und es bildete sich ein rundes Konglomerat. Die größeren Zellkonglomerate bestanden aus Rundzellen mit basophilem Zytoplasma und großem Kern, Fibroblasten und lymphocytenähnlichen Zellen. In den Rundzellen wurden Tuberkulosebakterien angetroffen, vereinzelt auch im Plasma der Fibroblasten. Beim Wachsen der Tuberkel degenerierten die ersten Zellen im Zentrum. In nach Ziehl-Neelsen gefärbten Schnitten erschien das Zentrum der Herde hellrot und ließ zahlreiche Bakterien erkennen. Dazwischen fanden sich pyknotische Kerne und Kernfragmente. Rund um die Nekrose wurde eine dichte Zone von Rundzellen angetroffen, die einen langgezogenen Kern aufwiesen. Diese Zellen ähnelten den Epitheloidzellen der Säugetiertuberkulose. Sie enthielten häufig Bakterien. Wie bei der Säugetiertuberkulose bestand eine fibroblastische Profileration. In den großen Tuberkeln waren die Fibroblasten tangential konzentrisch angeordnet und bildeten eine äußere Begrenzung des Tuberkels. Charakteristische Riesenzellen fehlten bei der Kaulquappentuberkulose stets. Rund um den Tuberkel konnten eosinophile und neutrophile Leukocyten angetroffen werden. In der Leber wurden von submiliaren bis zu großen nekrotischen Herden alle Stadien beobachtet. Die Leberzellen selbst wiesen eine starke Fettinfiltration auf. Die kleinsten Tuberkel waren den Darmveränderungen ähnlich. Die größeren Herde zeigten sich dagegen stark eosinophil gefärbt. Große Bakterienrasen und Kerntrümmeranhäufungen wurden im Nekrosezentrum angetroffen. Wie im Darm war auch in der Leber das nekrotische Zentrum von Epitheloidzellen und Fibroblasten umgeben. Ein Bindegewebsraum bildete die Abgrenzung zum Leberparenchym. Nur in einem Fall konnten bei einer Kaulquappe Tuberkel in der Milz beobachtet werden, die den bisher beschriebenen Veränderungen glichen; Tuberkulosebakterien fanden sich dagegen häufiger in den Milzen.

b) Eigene Untersuchungen

Die bisher schon in großer Zahl bei Amphibien durchgeführten Übertragungsversuche mit Kaltblütertuberkulose sind alle an Froschlurchen (Anuren) durchgeführt worden. Wir haben deshalb unsere eigenen Versuche vorwiegend an Schwanzlurchen (Urodelen) durchgeführt, wobei wir in erster Linie mit Axolotln gearbeitet haben. Nur zwei Versuche wurden an Krallenfröschen (Xenopus) ausgeführt. Die Urodelen stellen eine primitive Art der Amphibien dar. Da die Zellen des Axolotl ganz allgemein auffällig groß sind und die Zellen des Froschkörpers um das Zwei- bis Dreifache an Größe übertreffen, ergaben sich hieraus gewisse Vorteile bei der histologischen Untersuchung. Einen Überblick über die vorgenommenen Versuche gibt die Tabelle 6.

Für die Versuche an Amphibien mit Kaltblütertuberkulose wurden von uns insgesamt 24 Axolotl verwendet. Die Infektion erfolgte intraperitoneal mit je 0,5 ml einer Tb.-Bakterienaufschwemmung pro Tier. Verimpft wurden Kaimantb., Ranatb., Pythontb., Ceratophrystb., Bufotb. und Hagedigtb. Die Tiere wurden konstant bei 18 °C Wassertemperatur gehalten, die Versuchsdauer variierte zwischen 6 Tagen und 3 Monaten. In den meisten Fällen wurde der natürliche Tod abgewartet, lediglich in vier Fällen erfolgte eine Tötung.

Die Infektion der im Rahmen dieser Versuche herangezogenen Frösche erfolgte in der gleichen Weise und Menge wie die der Axolotl mit einer Aufschwemmung von Tuberkulosebakterien aus einer Ceratophrystb.

Als Ergebnis der Versuche mag zunächst konstatiert werden, daß mit Ausnahme von zwei Fällen bei allen getöteten oder gestorbenen Tieren *bakteriologisch* sowohl im Ausstrich als auch kulturell die verimpften säurefesten Stäbchen wieder nachgewiesen werden konnten. Ob in den zwei Fällen des negativen Ausgangs des Bakteriennachweises eine fehlerhafte Injektion in den Magen-Darm-Trakt erfolgte, von wo aus die Bakterien reaktionslos wieder ausgeschieden wurden, kann nicht einwandfrei nachgewiesen werden. Die pathologisch-anatomischen Veränderungen bei den verschiedenen Erregerstämmen erwiesen sich überwiegend als gleichartig und sollen deshalb hier zusammengefaßt wiedergegeben werden.

Als *früheste Veränderung* der nur kurze Zeit im Versuch stehenden Tiere zeigte sich ein seröses Exsudat in der Leibeshöhle, daneben konnten feine grauweiße Beläge auf der Leber und Milz beobachtet werden. Bei den länger als drei Wochen im Versuch gebliebenen Tieren fehlte meist die Flüssigkeitsansammlung, dagegen waren die grauweißen Beläge auf Milz, Leber und Mesenterium stärker ausgebildet und hatten häufig schon die Form von Knötchen angenommen. Veränderungen an den Lungen konnten in keinem Fall festgestellt werden.

Bei den ebenfalls bakteriologisch positiv befundenen zwei Fröschen zeigten sich nach sechs bzw. acht Wochen Versuchsdauer makroskopisch keinerlei Veränderungen.

Die von uns *histologisch* zu ermittelnden frühesten Veränderungen im Leberparenchym zeigten sich als submiliare Zellinfiltrationen, bestehend aus Lymphocyten, Histiocyten und Pigmentzellen (Abb. 9). Am häufigsten fanden sich jedoch die tuberkulösen Veränderungen in der zelligen Randzone unter der Leberkapsel. Kleinere und größere Zellinfiltrate, die zum Teil infiltrativ in das Parenchym vordrangen, konnten hier beobachtet werden. Gleichzeitig wurden im Bereich dieser Granulationen am Übergang zum Leberparenchym eosinophile Massen ermittelt (Abb. 10). Ob es sich dabei um eine Fibrinausscheidung handelte, ließ sich nicht sicher klären, da die gebräuchlichen Fibrinfärbungen bei niederen Tieren keine exakten Ergebnisse zeitigen.

Tabelle 6

Experimentelle Tuberkulose bei Amphibien nach Verimpfung von Ktb.-Bakterien (eigene Untersuchungen)

Lfd. Nr.	Tierart	Impfmat.	Appl.	Haltungstemp. (°C)	gest. + get. —	Versuchsdauer	Ergebnisse		
							Bakt.	Path.	Histol.
1.	Axolotl	Kaimantb.	i. p.	18	+	42 Tage	pos.	pos.	pos.
2.	Axolotl	Kaimantb.	i. p.	18	+	42 Tage	pos.	pos.	pos.
3.	Axolotl	Kaimantb.	i. p.	18	+	92 Tage	neg.	neg.	neg.
4.	Axolotl	Ranatb.	i. p.	18	+	42 Tage	pos.	pos.	pos.
5.	Axolotl	Ranatb.	i. p.	18	+	77 Tage	pos.	pos.	pos.
6.	Axolotl	Ranatb.	i. p.	18	—	92 Tage	neg.	neg.	neg.
7.	Axolotl	Pythontb.	i. p.	18	—	21 Tage	pos.	pos.	pos.
8.	Axolotl	Pythontb.	i. p.	18	—	30 Tage	pos.	pos.	pos.
9.	Axolotl	Pythontb.	i. p.	18	—	30 Tage	pos.	pos.	pos.
10.	Axolotl	Pythontb.	i. p.	18	+	21 Tage	pos.	pos.	pos.
11.	Axolotl	Pythontb.	i. p.	18	+	21 Tage	pos.	neg.	neg.
12.	Axolotl	Pythontb.	i. p.	18	+	21 Tage	pos.	pos.	pos.
13.	Axolotl	Pythontb.	i. p.	18	+	21 Tage	pos.	pos.	pos.
14.	Axolotl	Hagedigtb.	i. p.	18	+	14 Tage	pos.	neg.	neg.
15.	Axolotl	Hagedigtb.	i. p.	18	+	14 Tage	pos.	pos.	pos.
16.	Axolotl	Ceratophrystb.	i. p.	18	+	16 Tage	pos.	neg.	neg.
17.	Axolotl	Ceratophrystb.	i. p.	18	+	17 Tage	pos.	pos.	pos.
18.	Axolotl	Ceratophrystb.	i. p.	18	+	17 Tage	pos.	pos.	pos.
19.	Axolotl	Ceratophrystb.	i. p.	18	+	17 Tage	pos.	neg.	neg.
20.	Axolotl	Bufotb.	i. p.	18	+	8 Tage	pos.	neg.	neg.
21.	Axolotl	Bufotb.	i. p.	18	+	15 Tage	pos.	pos.	pos.
22.	Axolotl	Bufotb.	i. p.	18	+	19 Tage	pos.	pos.	pos.
23.	Axolotl	Bufotb.	i. p.	18	+	22 Tage	pos.	pos.	pos.
1.	Krallenfrosch	Ceratophrystb.	i. p.	18	—	42 Tage	pos.	neg.	pos.
2.	Krallenfrosch	Ceratophrystb.	i. p.	18	—	56 Tage	pos.	neg.	pos.

Nur in einigen Fällen konnten in den tuberkulösen Herden Riesenzellen beobachtet werden, die eine gewisse Ähnlichkeit mit den Langhansschen Riesenzellen der Säugetiere aufwiesen. Eine Nekrose oder ein Zerfall des tuberkulösen Granulationsgewebes sowie eine Verfettung der Epitheloidzellen konnte niemals festgestellt werden. Innerhalb der Herde kam es stets zur Neubildung eines dichten Gitterfasernetzes. Bindegewebige Abgrenzungsvorgänge wurden dagegen niemals an den tuberkulösen Veränderungen beobachtet.

Auf Einzelheiten des histologischen Bildes der tuberkulösen Veränderungen soll erst in dem nachfolgenden Kapitel eingegangen werden, da die Veränderungen, hervorgerufen durch

Warmblütertuberkulose, den hier beschriebenen völlig gleichen und so eine Wiederholung der Befundbeschreibung vermieden werden kann.

Bei den von uns infizierten Fröschen konnten bei der *mikroskopischen Untersuchung* in der Leber submiliare Zellinfiltrationen in herdförmiger Anordnuung festgestellt werden. Die Herde bestanden aus blasigkernigen Zellen. An ihrer Peripherie waren meist zahlreiche pigmentspeichernde Zellen zu beobachten.

Diese tuberkulösen Frühveränderungen gleichen somit den von verschiedenen Autoren im Verlauf früherer Versuche erhobenen Befunden. Riesenzellen, wie sie von LUBARSCH und MAYR (1901) beobachtet wurden, konnten wir in unseren zwei Fällen nicht ermitteln.

Betrachten wir die Ergebnisse der von uns an Axolotln und Fröschen durchgeführten Versuche mit Kaltblütertuberkulose zusammenfassend, so erscheint es notwendig, besonders herauszustellen, daß der Tod der mit Kaltblütertuberkulose infizierten Tiere verhältnismäßig früh eintrat (längste Versuchsdauer 11 Wochen). Die makroskopischen und mikroskopischen Befunde waren dabei meist nur geringgradig. Diese Tatsache berechtigt zu der Annahme — wie auch von KÜSTER (1906) bereits erwähnt wurde —, daß die pathogene Wirkung der Ktb.-Bakterien auf die Axolotl doch so groß ist, daß der Tod bereits vor der Ausbildung ausgedehnter tuberkulöser Veränderungen eintritt. Auf eine Ausweitung der hier besprochenen Versuche auf eine größere Zahl von Fröschen haben wir verzichtet, da die hierzu aus der Literatur zu entnehmenden Befunde ausreichende Unterlagen für spätere Vergleiche bieten.

2. Nach Verimpfung von humanen, bovinen und aviären Tuberkulosebakterien sowie abgetöteten und saprophytären säurefesten Bakterien

a) Fälle aus der Literatur

Die in diesem Abschnitt aus der Literatur zusammengestellten Versuche waren überwiegend auf die Frage der Anpassung der Wtb.-Bakterien an den Organismus der kaltblütigen Tiere ausgerichtet bzw. befaßten sich mit der Untersuchung einer eventuell zu beobachtenden Mutation der Tb.-Bakterien. In erster Linie wurden Tb.-Bakterien des Typus humanus herangezogen, wobei sowohl Organmaterial als auch Bakterien von bereits gezüchteten Kulturen verwendet wurden. Nur zwei Autoren experimentierten auch mit bovinen Tb.-Bakterien. Versuche mit aviären Tuberkuloseerregern wurden in fünf Fällen vorgenommen. Entsprechend dem Untersuchungsziel standen die bakteriologischen Fragen bei diesen Versuchen im Vordergrund, so daß von den verschiedenen Autoren auf die Wiedergabe eventuell aufgetretener pathologischer Veränderungen verzichtet wurde bzw. diese nur am Rande unvollständig Erwähnung fanden.

Grundsätzlich herauszustreichen ist bei der Besprechung dieser Untersuchungen — was ebenfalls auch für die nachfolgenden Experimente mit Wtb.-Bakterien an Reptilien gilt —, daß keine einheitliche Auffassung über die Möglichkeit einer Infektion von Kaltblütern durch Wtb.-Bakterien besteht. Es mag in diesem Zusammenhang auf eine von KÜSTER (1928) gegebene Zusammenstellung von Untersuchungsergebnissen verschiedener Autoren verwiesen werden, die jedoch speziell auf die Frage der Umwandlung der Tb.-Bakterientypen im Kaltblüterorganismus ausgerichtet war. KÜSTER gibt an, daß von den insgesamt 27 von ihm herangezogenen Autoren 14 negative Ergebnisse bei Mutationsversuchen erhielten. Vier Autoren beobachteten wechselnde, bald negative, bald positive Ergebnisse, und neun konnten rein positive Ergebnisse ermitteln. Diese Angaben beziehen sich jedoch speziell auf die Umwandlung des Wtb.-Bakteriums im Organismus der Kaltblüter. Ziel unserer Arbeit ist es jedoch zu ermitteln, ob eine Infektion mit Wtb.-Bakterien bei Kaltblütern überhaupt möglich ist und welcher Art die dabei auftretenden Veränderungen sind. Von diesem Gesichtspunkt aus muß ein Teil der von KÜSTER (1928) hinsichtlich der Umwandlung des Tb.-Bakteriums als negativ angesprochenen Versuche noch als positiv gewertet werden. KÜSTER selbst steht auf Grund seiner eigenen Untersuchungen und der Durcharbeitung der bis dahin vorliegenden Literatur im Gegensatz zu den Auffassungen von WEBER und TAUTE (1904), SELIGMANN und KLOPSTOCK (1919), SION (1900) u. a., die das Angehen von Infektionen bei Kaltblütern durch Warmblütertuberkulose verneinen. Er vertritt den Standpunkt, daß die Bakterien der Menschen-, Rinder- und Geflügeltuberkulose bei Einimpfung in den Kaltblüterorganismus Veränderungen setzen, die histologisch-pathologisch als Tuberkel aufgefaßt werden müssen. Wir wollen nachfolgend an Hand der von uns zusammengestellten Tabelle 7 noch einmal kurz die erhobenen Befunde diskutieren.

Von den insgesamt 37 durchgeführten verschiedenen Versuchsserien an Fröschen, Kröten und Kaulquappen mit Warmblütertuberkulose zeigten 10 ein negatives Ergebnis, wobei zwar in einigen Fällen die verimpften Erreger wieder nachgewiesen werden konnten, jedoch pathologische Veränderungen stets fehlten. Bei den restlichen 27 Versuchsserien konnten in irgendeiner Form Veränderungen durch die später auch wieder nachgewiesenen verimpften Erreger beobachtet werden.

Angaben über die Haltungstemperatur der Kaltblüter bei Infektionsversuchen mit Warmblütertuberkulose sind leider nur in einigen Fällen gemacht worden. BATAILLON und TERRE (1897), MOREY (1900), BAKER und HAGAN (1942) u. a. weisen darauf hin, daß höhere Temperaturen für das Angehen der Infektion von Bedeutung zu sein scheinen.

Die von den Autoren gewählte Versuchsdauer ist entsprechend den verschiedenen Versuchsrichtungen recht unterschiedlich, so daß die Ergebnisse nur schwerlich miteinander vergleichbar sind.

Die Infektion wurde überwiegend subkutan in den dorsalen Lymphsack ausgeführt. Daneben erfolgten auch eine intraperitoneale und per-os-Verabreichung der Erreger.

Das bei dem überwiegenden Teil der Versuche als positiv bezeichnete bakteriologische Untersuchungsergebnis gibt lediglich Auskunft über einen erfolgten Erregernachweis nach Abschluß der Versuche. Zum Teil erwiesen sich die Tuberkulosebakterien als nicht mehr infektionstüchtig. Für das tatsächliche Vorliegen einer experimentellen Tuberkulose sprechen jedoch nur die Fälle, bei denen neben einem positiven Bakteriennachweis auch morphologische Veränderungen gefunden wurden.

Angaben über die beobachteten *makroskopischen Veränderungen* sind leider nur spärlich. Es zeigt sich jedoch, daß in den meisten positiven Fällen an der Impfstelle kleine gelbe Knötchen, die von glasigem, durchscheinendem Exsudat umgeben sind, gefunden werden. Neben diesen Herden im Bereich des Lymphsacks bzw. auf dem Mesenterium bei intraperitonealer Verimpfung wurden miliare und größere Knötchen, die wie Tuberkel aussahen, auch auf der Leber festgestellt. Zum Teil ließen diese Herde eine zentrale Trübung erkennen. Stecknadelkopf- bis hirsekorngroße weißgelbliche Knötchen fanden sich darüber hinaus auf der Milz und in den Nieren. Von LUBARSCH und MAYR (1901) konnten in einem Fall kleine graue Knötchen an der Spitze des Herzbeutels festgestellt werden. KÜSTER (1906) fand bei der Verimpfung von humanen Tb.-Bakterien bei einem Frosch gleichartige Knötchen auf dem Magen und einen Einzelherd auf der linken Lunge.

Soweit die spärlichen pathologisch-anatomischen Angaben es zulassen, kann jedoch gesagt werden, daß keine grundlegenden Unterschiede in der Art der auftretenden Veränderungen nach Verimpfung von humanen oder bovinen sowie aviären Tuberkuloseerregern bestehen. Gleiches gilt auch für die geweblichen Veränderungen.

Histologisch erwiesen sich die Herde meist als scharf vom umgebenden Gewebe abgegrenzt. Sie bestanden fast ausschließlich aus großen Zellen mit hellem Plasma und dunklen, bläschenförmigem Kern. Leukocyten wurden nur vereinzelt beobachtet. HERZOG (1903) fand nach Verimpfung von humaner Tuberkulose auch Knötchen mit zentraler Nekrose. Um die Nekrose ordnete sich ein Saum von epitheloidzelligem Granulationsgewebe an. Die Abgrenzung zum

Tabelle 7

Experimentelle Tuberkulose bei Amphibien nach Verimpfung von humanen, bovinen und aviären Tuberkulosebakterien sowie abgetöteten und saprophytären säurefesten Bakterien

Fälle aus der Literatur

Autor	Tierart	Impf-mat.	Appl.	Hal-tungs-temp. (°C)	Versuchs-dauer	Ergebnisse		
						Bakt.	Path.	Histol.
Verga u. Biffi (1868) nach Küster (1906)	Frösche	Tb. hum. Organmat.	—	—	—	neg.	neg.	neg.
Despeignes (1892)	Frösche	Tb. hum. Organmat.	s. c. i. p.	10 u. 25	2—8 Tage	pos.	pos.	neg.
Bataillon, Dubard u. Terre (1897)	Frösche	Tb. hum. Organmat.	per os	—	11 Tage	pos.	—	—
Auché u. Hobbs (1899)	Frösche	Tb. gall.	dors. Lymphs.	—	20—44 Tage	neg.	neg.	neg.
	Frösche	Tb. gall.	i. p.	—	—	neg.	neg.	—
	Frösche	Tb. hum.	dors. Lymphs.	—	—	pos.	pos.	—
	Frösche	Tb. hum.	i. p.	—	bis 158 Tage	pos.	pos.	—
Morey (1900)	Frosch	Tb. hum.	i. p.	—	45 bis 127 Tage	pos.	pos.	—
Sion (1900)	Frösche	Tb. hum.	dors. Lymphs.	—	2—55 Tage	pos.	neg.	neg.
	Frösche	Tb. hum.	i. p.	—	14 Tage bis 6 Wochen	pos.	neg.	neg.
	Frösche	Tb. hum.	i. p.	—	6 Monate	pos.	neg.	neg.
Lubarsch (1900)	Frösche	Tb. hum. Kultur	s. c.	—	8—14 Tage	pos.	pos.	—
	Frösche	Tb. hum. Organmat.	s. c.	—	6—8 Wochen	pos.	pos.	—
Ledoux-Lebard (1900)	Frösche	Tb. hum.	—	—	—	pos.	pos.	—
	Frösche	Tb. aviär	—	—	—	pos.	pos.	—
Freymuth (1901)	Frösche und Kröten	Tb. gall.	i. p.	—	10 Tage	pos.	pos.	—
	Frösche und Kröten	Tb. hum.	i. p.	—	10 Tage	pos.	pos.	—
Lubarsch u. Mayr (1901)	Frösche	Tb. hum.	dors. Lymphs.	—	2 bis 6 Wochen	pos.	pos.	pos.
	Frösche	Tb. hum. Organmat.	dors. Lymphs.	10—22	10—35 Tage	pos.	pos.	—
	Frösche	Tb. gall.	dors. Lymphs.	18—22	9—28 Tage	pos.	pos.	pos.
	Frösche	Tb. gall.	i. p.	18—22	3—5 Woch.	pos.	pos.	pos.
	Frösche	Tb. hum. Kultur	per os	18—22	4 Wochen	pos.	pos.	pos.
Herzog (1902)	Frösche	Tb. hum.	dors. Lymphs.	18—22	16 bis 60 Tage	pos.	pos.	pos.

Fortsetzung von Tab. 7

Autor	Tierart	Impf-mat.	Appl.	Haltungstemp. (°C)	Versuchsdauer	Ergebnisse		
						Bakt.	Path.	Histol.
DIEUDONNÉ (1903)	Frösche	Tb. hum.	—	—	60 Tage	pos.	pos.	—
HERZOG (1903)	Frösche	Tb. hum.	dors. Lymphs.	—	20 bis 191 Tage	pos.	pos.	pos.
	Frösche	Tb. bov.	dors. Lymphs.	—	14 bis 191 Tage	pos.	pos.	pos.
WEBER u. TAUTE (1904)	Frösche	Tb. hum.	s. c.	—	2 bis 7 ½ Monate	pos.	neg.	neg.
GOTTSTEIN (1905)	Frösche	Tb. hum. Kultur	dors. Lymphs.	—	—	pos.	pos.	pos.
BARLOCCO u. GOGGIA (1906)	Frösche	Tb. hum.	—	—	—	pos.	pos.	pos.
COHN (1906)	Frösche	Tb. hum.	i. p.	—	3 Monate	pos.	pos.	—
KÜSTER (1906)	Frösche	Tb. hum. Kultur	dors. Lymphs.	13—15	121 bis 220 Tage	pos.	pos.	pos.
	Frosch	Tb. hum. Kultur	dors. Lymphs.	28	37 Tage	pos.	pos.	—
	Frösche	Tb. gall.	dors. Lymphs.	13—15	138 bis 216 Tage	pos.	pos.	pos.
	Frösche	Tb. gall.	dors. Lymphs.	20	71 bis 197 Tage	pos.	pos.	pos.
MOSES (1907)	Kröten und Kaulquappen	Tb. hum.	per os	—	14 Tage	pos.	neg.	neg.
MORIYA (1908)	Frösche	Tb. hum.	i. p.	—	—	pos.	pos.	pos.
SELIGMANN u. KLOPSTOCK (1919)	Frösche	Tb. bov.	dors. Lymphs.	—	6 Monate	pos.	neg.	neg.
	Frösche	Tb. hum.	dors. Lymphs.	—	6 Monate	pos.	neg.	neg.
AUCHÉ u. HOBBS (1897)	Frosch	Tb. hum. abget.	i. p.	—	33 Tage	—	pos.	—
	Frosch	Tb. gall. abget.	i. p.	—	33 Tage	—	pos.	—
COHN (1906)	Frösche	Tb. hum. abget.	dors. Lymphs.	—	28 bis 34 Tage	—	pos.	—
LUBARSCH u. MAYR (1901)	Frösche	Tim. Moeller	dors. Lymphs.	18—22	18 bis 35 Tage	pos.	pos.	pos.
	Frösche	Tim. Rostock	dors. Lymphs.	18—22	14 Tage	pos.	pos.	pos.
	Frösche	Graspilz II Moeller	dors. Lymphs.	18—22	8 bis 30 Tage	pos.	neg.	pos.
	Frösche	Butterpilz	dors. Lymphs.	18—22	18 bis 35 Tage	pos.	neg.	pos.
FREYMUTH (1901)	Kröten	Tim.-Pilz	i. p.	—	10 Tage	pos.	pos.	—
	Frösche	Graspilz II	i. p.	—	12 Tage	pos.	pos.	—
SELIGMANN u. KLOPSTOCK (1919)	Frösche	Saproph.	dors. Lymphs.	—	6 Monate	pos.	pos.	neg.

umgebenden Parenchym erfolgte durch einen breiten Saum tangential konzentrisch angeordneter Bindegewebszellen.

Riesenzellen traten für gewöhnlich nicht auf, lediglich in einem Fall konnten von LUBARSCH (1900) in einem stark abgekapselten Herd reichlich Riesenzellen festgestellt werden.

Besonders wäre noch auf die starke Anhäufung von Pigmentzellen bei frühen Veränderungen hinzuweisen.

Der Nachweis von Tb.-Bakterien in den Veränderungen ist stets möglich, jedoch sind nur selten massenhafte Zusammenklumpungen von Tb.-Bakterien wie nach Verimpfung von Kaltblütertuberkulose zu beobachten.

Bei den lediglich von zwei Autoren durchgeführten Versuchen mit abgetöteten humanen und aviären Tb.-Bakterien bei Fröschen wurde die Impfung intraperitoneal bzw. in den dorsalen Lymphsack ausgeführt. AUCHÉ und HOBBS (1897) stellten dabei fest, daß bis zum 33. Tag, und wahrscheinlich auch noch später, die Injektion abgetöteter Tuberkulosebakterien genauso wirkt wie die lebender. Histologisch ließen sich die Neubildungen, die durch tote Bakterien bedingt waren, von den durch lebende hervorgerufenen nicht unterscheiden. Auch COHN (1906) konnte bei seinen Versuchen mit abgetöteten menschlichen Tb.-Bakterien in der Leber kleine grauweiße Herde sowie graue Pünktchen in den Nieren beobachten. In einem Fall wurde im Lymphsack an der Injektionsstelle ein Knötchen festgestellt. Stets zeigten sich in den Präparaten Haufen von unveränderten Tb.-Bakterien, die Kulturen blieben jedoch immer steril. Eine histologische Beschreibung der Veränderungen wird leider nicht gegeben.

Zu den als Anhang in der Tabelle 7 aufgeführten Versuchen einer Injektion von saprophytären säurefesten Keimen bei Amphibien muß gesagt werden, daß auch bei diesen Versuchen tuberkelähnliche Veränderungen im Organismus von Fröschen und Kröten hervorgerufen werden konnten. Die Veränderungen selbst bestanden aus kleinen gelblichen Knötchen im Bereich des dorsalen Lymphsacks. Sie entsprechen den bei der Infektion mit Wtb.-Bakterien beobachteten Herden. Von LUBARSCH und MAYR (1901) wurden auch in der Leber Epitheloidzelltuberkel um dort eingelagerte säurefeste Stäbchen herum angetroffen. Gleichfalls konnten von ihnen Herde in der Milz ermittelt werden. FREYMUTH (1901) hingegen fand lediglich in der Bauchhöhle reichlich Flüssigkeit, stärkere Verwachsungen und Knötchenbildung auf dem Mesenterium, die er auf die Wirkung der säurefesten Bakterien zurückführte. Die von SELIGMANN und KLOPSTOCK (1919) an Fröschen mit Saprophyten durchgeführten Versuche verliefen hingegen völlig negativ.

b) Eigene Versuche

Die von uns mit Warmblütertuberkulose bei Amphibien durchgeführten Versuche wurden wiederum in erster Linie an Axolotln vorgenommen. Als Ergänzung zu den aus der Literatur zu entnehmenden Versuchsergebnissen bei Fröschen haben wir lediglich bei vier Krallenfröschen (Xenopus) eine Injektion mit bovinen Tb.-Bakterien durchgeführt. Neben diesen Versuchen mit virulenten Erregern der Warmblütertuberkulose sind auch Versuche mit abgetöteten bovinen Tb.-Bakterien und mit saprophytären säurefesten Mykobakterien (M. phlei) durchgeführt worden. Über die einzelnen Versuche gibt die Tabelle 8 Auskunft.

Die Infektion der Versuchstiere erfolgte in der gleichen Weise wie bei den Versuchen mit Ktb.-Erregern. Jedes Tier wurde mit 0,5 ml einer Tb.-Bakterienaufschwemmung intraperitoneal infiziert. Verwendet wurden Tb. hum., Tb. bov., abget. Tb. bov. sowie saprophytäre säurefeste Mykobakterien.

Die mit Wtb.-Bakterien infizierten Axolotl wurden bei 25—30 °C gehalten. Die Haltungstemperatur der mit abgetöteten Tb.-Bakterien und mit säurefesten Saprophyten infizierten Tiere betrug hingegen nur 20 °C.

Im Gegensatz zu den Versuchen mit Ktb.-Erregern ist der Anteil der gestorbenen Tiere gegenüber den getöteten nur gering, woraus im gewissen Sinne auf die geringere Pathogenität der Wtb.-Erreger für die Axolotl geschlossen werden kann. Bei den mit Tb. hum. infizierten

Tabelle 8

Experimentelle Tuberkulose bei Amphibien nach Verimpfung von humanen und bovinen Tuberkulosebakterien sowie abgetöteten und saprophytären säurefesten Bakterien (eigene Untersuchungen)

Lfd. Nr.	Tierart	Impf-mat.	Appl.	Haltungs-temperatur (°C)	gest. + get. –	Versuchs-dauer	Ergebnisse		
							Bakt.	Path.	Histol.
1.	Axolotl	Tb. hum.	i. p.	25—30	+	49 Tage	pos.	neg.	neg.
2.	Axolotl	Tb. hum.	i. p.	25—30	—	91 Tage	pos.	pos.	pos.
3.	Axolotl	Tb. hum.	i. p.	25—30	—	91 Tage	pos.	pos.	pos.
4.	Axolotl	Tb. hum.	i. p.	25—30	—	135 Tage	pos.	neg.	pos.
5.	Axolotl	Tb. hum.	i. p.	25—30	—	135 Tage	pos.	neg.	neg.
1.	Axolotl	Tb. bov.	i. p.	25—30	—	10 Tage	pos.	neg.	pos.
2.	Axolotl	Tb. bov.	i. p.	25—30	—	24 Tage	pos.	neg.	pos.
3.	Axolotl	Tb. bov.	i. p.	25—30	—	33 Tage	neg.	neg.	neg.
4.	Axolotl	Tb. bov.	i. p.	25—30	+	57 Tage	pos.	pos.	pos.
5.	Axolotl	Tb. bov.	i. p.	25—30	+	61 Tage	pos.	pos.	pos.
6.	Axolotl	Tb. bov.	i. p.	25—30	—	91 Tage	pos.	neg.	pos.
7.	Axolotl	Tb. bov.	i. p.	25—30	—	91 Tage	pos.	neg.	pos.
8.	Axolotl	Tb. bov.	i. p.	25—30	—	91 Tage	pos.	neg.	pos.
9.	Axolotl	Tb. bov.	i. p.	25—30	—	121 Tage	pos.	neg.	pos.
10.	Axolotl	Tb. bov.	i. p.	25—30	—	121 Tage	pos.	pos.	pos.
11.	Axolotl	Tb. bov.	i. p.	25—30	—	135 Tage	pos.	pos.	pos.
12.	Axolotl	Tb. bov.	i. p.	25—30	—	135 Tage	pos.	pos.	pos.
13.	Axolotl	Tb. bov.	i. p.	25—30	+	152 Tage	pos.	pos.	pos.
14.	Axolotl	Tb. bov.	i. p.	25—30	—	183 Tage	pos.	pos.	pos.
15.	Axolotl	Tb. bov.	i. p.	25—30	—	183 Tage	pos.	pos.	pos.
16.	Axolotl	Tb. bov.	i. p.	25—30	—	183 Tage	pos.	pos.	pos.
1.	Xenopus	Tb. bov.	i. p.	25—30	—	24 Tage	pos.	neg.	pos.
2.	Xenopus	Tb. bov.	i. p.	25—30	—	33 Tage	pos.	neg.	pos.
3.	Xenopus	Tb. bov.	i. p.	25—30	—	127 Tage	pos.	pos.	pos.
4.	Xenopus	Tb. bov.	i. p.	25—30	—	127 Tage	pos.	pos.	pos.
1.	Axolotl	Tb.bov.abget.	i. p.	18—20	—	42 Tage	neg.	pos.	pos.
2.	Axolotl	Tb.bov. abget.	i. p.	18—20	—	42 Tage	neg.	pos.	pos.
3.	Axolotl	Tb. bov. abget.	i. p.	18—20	+	43 Tage	neg.	pos.	pos.
4.	Axolotl	Tb. bov. abget.	i. p.	18—20	+	43 Tage	neg.	pos.	pos.
5.	Axolotl	Tb. bov. abget.	i. p.	18—20	+	43 Tage	neg.	pos.	pos.
6.	Axolotl	Tb. bov. abget.	i. p.	18—20	+	56 Tage	neg.	pos.	pos.
7.	Axolotl	Tb. bov. abget.	i. p.	18—20	—	63 Tage	neg.	neg.	neg.
1.	Axolotl	sf. saproph.	i. p.	18—20	+	42 Tage	pos.	pos.	pos.
2.	Axolotl	sf. saproph.	i. p.	18—20	+	42 Tage	pos.	pos.	pos.
3.	Axolotl	sf. saproph.	i. p.	18—20	+	42 Tage	pos.	pos.	pos.
4.	Axolotl	sf. saproph.	i. p.	18—20	—	42 Tage	pos.	pos.	pos.
5.	Axolotl	sf. saproph.	i. p.	18—20	—	42 Tage	pos.	pos.	pos.
6.	Axolotl	sf. saproph.	i. p.	18—20	—	71 Tage	pos.	pos.	pos.
7.	Axolotl	sf. saproph.	i. p.	18—20	—	71 Tage	pos.	pos.	pos.
8.	Axolotl	sf. saproph.	i. p.	18—20	+	73 Tage	pos.	pos.	pos.
9.	Axolotl	sf. saproph.	i. p.	18—20	—	85 Tage	pos.	pos.	pos.

fünf Axolotln betrug die Versuchsdauer 49, 91 bzw. 135 Tage. Von den mit Tb. bov. infizierten Tieren wurden drei Tiere 183 Tage gehalten. Die Versuchsdauer bei der Injektion mit abgetöteten Tb. bov. betrug 42 bis 63 Tage und die bei der Injektion mit säurefesten Saprophyten 42 bis 85 Tage.

Das Ergebnis aller Untersuchungen läßt hinsichtlich des *bakteriologischen Nachweises* der verimpften Erreger nach Abschluß des Versuchs ein völlig einheitliches Bild erkennen. In allen Fällen konnten die Tb.-Bakterien aus dem Organismus der Versuchstiere sowohl im Ausstrich als auch in der Kultur wieder nachgewiesen werden. Selbstverständlich müssen die Versuche mit den abgetöteten Tb.-Bakterien hier ausgeklammert werden, da bei ihnen nur in Einzelfällen ein tinktureller Bakteriennachweis möglich war; eine kulturelle Züchtung blieb jedoch stets negativ.

Pathologisch-anatomisch zeigten sich in allen Fällen gleichartige Veränderungen, unabhängig von der Art der verimpften Erreger. Auch die durch abgetötete Tb.-Bakterien verursachten Herde glichen denen, die nach Verimpfung mit pathogenen Keimen zu beobachten waren. Die in der Tabelle 8 als positiv bezeichneten Fälle ließen bei der Sektion herdförmige Veränderungen von grauweißer Farbe bis zu Erbsengröße auf den serösen Häuten der Leber, Milz, auf dem Mesenterium bzw. in Einzelfällen auch auf den Nieren und auf der Lunge erkennen (Abb. 11). Bei genauerer Betrachtung der Organe mittels einer Lupe konnten bei einigen Tieren, wiederum besonders auf der Leber, submiliare, glasig grauweiße Tuberkel festgestellt werden.

Bei den von uns mit boviner Tuberkulose infizierten vier Fröschen hatten wir lediglich bei zwei Tieren, die 127 Tage im Versuch standen, stecknadelkopfgroße grauweiße Herde auf der Leberoberfläche feststellen können. Weitere Veränderungen fehlten.

Histologisch erwiesen sich die Veränderungen nach Verimpfung von humanen und bovinen Tuberkuloseerregern bei den Axolotln als gleichartig. Die makroskopisch festgestellten Veränderungen auf der Leberkapsel zeigten sich als gleichförmige Zellanhäufungen, bestehend aus Epitheloidzellen und vereinzelten Lymphocyten (Abb. 12).

Neben solchen verhältnismäßig frühen Veränderungen konnten ebenfalls auf der Kapsel bindegewebig abgegrenzte, polypenartig aufsitzende Tuberkel beobachtet werden, die in ihrem Zentrum eine beginnende Karyopyknose erkennen ließen (Abb. 13). Die Herde erinnerten sehr an die Serosentuberkel des Rindes (Perlsucht). Es fehlten jedoch Verkäsungen und Verkalkungen.

In einigen Fällen konnte auch ohne vorherige Bindegewebsabgrenzung eine zentrale Nekrose festgestellt werden. Im Bereich der Übergangszone vom Granulationsgewebe zum nekrotischen Zentrum fanden sich dabei häufiger Riesenzellen, die den Langhansschen Riesenzellen bei der Säugetiertuberkulose ähnlich waren. Gleichartige Riesenzellen fanden sich auch in den submiliaren Tuberkeln sowie in den größeren Herden im Leberparenchym (Abb. 14). Diese im epitheloidzelligen Granulationsgewebe eingelagerten Riesenzellen wiesen einen durchschnittlichen Durchmesser von 80—100 μ auf, wobei in ihnen bis zu 40 Kerne festgestellt werden konnten, die in den meisten Fällen eine Randstellung erkennen ließen. Die Kerne waren stets chromatinreicher als die Epitheloidzellkerne. Das Plasma der Riesenzellen färbte sich kräftig mit Eosin an, und es konnte wie bei den Langhansschen Riesenzellen zwischen Ekto- und Endoplasma unterschieden werden. Die Größe der Riesenzellkerne schwankte zwischen 15 und 20 μ. Säurefeste Stäbchen wurden nur ganz vereinzelt in den Riesenzellen beobachtet. Zum Teil konnte ein von der Kapsel ausgehendes infiltratives Wachstum der Tuberkuloseherde in das Leberparenchym beobachtet werden.

Daneben fanden sich aber auch meist in Gefäßnähe miliare Tuberkel im *Leberparenchym.* Die frühesten Veränderungen zeigten sich, genau wie nach der Verimpfung von Kaltblütertuberkulose, in Form von submiliaren Zellansammlungen, die aus Pigmentzellen, Epitheloidzellen und Lymphocyten bestanden.

Die größeren, infiltrativ ins Parenchym vordringenden tuberkulösen Veränderungen ließen ein verhältnismäßig dicht gelagertes Granulationsgewebe erkennen. Die Epitheloidzellen der Axolotl waren allgemein von blasiger Struktur. Ihre Kerne erwiesen sich jedoch als weit chromatinreicher als die der Epitheloidzellen der Säuger. Die Größe der Kerne schwankte zwischen 20 und 25 μ (Abb. 16).

Neben den Epitheloidzellen fanden sich stets in geringer Zahl stark chromatinreiche, kreisrunde, kleine Kerne, die wir als Lymphocyten ansprechen möchten.

Bei der Silberimprägnation nach Gomori zeigte es sich, daß im Bereich des epitheloidzelligen Granulationsgewebes eine Neubildung von Gitterfasern stattfand (Abb. 16). Somit können die hier bei der Tuberkulose der Axolotl auftretenden Epitheloidzellen, genau wie die der Säugetiertuberkulose, als Abkömmlinge des Reticulum angesprochen werden. Zu einer Fettinfiltration im Bereich der tuberkulösen Veränderungen kam es niemals, jedoch zeigte sich oft eine hochgradige großtropfige Verfettung in den den Tuberkeln angelagerten Leberzellen.

Im Gegensatz zu den Versuchen mit Ktb.-Bakterien konnten wir bei den mit Warmblütertuberkulose geimpften Tieren häufiger bindegewebige Abgrenzungs- bzw. Organisationsvorgänge beobachten. Grundsätzlich traten derartige Reaktionen jedoch erst nach zehn- bis zwölfwöchiger Versuchsdauer auf. Bei den Versuchen mit Kaltblütertuberkulose wurde aber eine so lange Versuchsdauer nie erreicht. Bei den länger als zehn Wochen im Versuch gewesenen Axolotln, die mit Wtb.-Bakterien infiziert waren, kam es in den größeren Herden im Leberparenchym zunächst zur Ausbildung eines tangential konzentrisch angeordneten mehrschichtigen Bindegewebssaumes an der Peripherie des Herdes. Darüber hinaus konnte in einigen Herden sogar eine ausgesprochene bindegewebige Induration beobachtet werden (Abb. 17).

Gelegentlich zeigte sich auch in den kleineren Tuberkeln eine starke Verbreiterung der bindegewebigen Abgrenzung, so daß sie fast vollständig bindegewebig umgewandelt erschienen (Abb. 18).

Die meist fehlende Verkäsung der Tuberkel und die früh einsetzende Bindegewebsneubildung sprechen für einen mehr proliferativen Verlauf der experimentellen Tuberkulose nach Verimpfung von humanen und bovinen Erregern beim Axolotl.

Ergänzend bliebe noch darauf hinzuweisen, daß auch die Veränderungen auf dem serösen Überzug der anderen Organe denen der Leber glichen. So konnte auf der Nierenkapsel ein rein epitheloidzelliges, mit nur wenigen Lymphocyten durchsetztes Granulationsgewebe beobachtet werden. Gleichartig gestaltet waren auch die Veränderungen, die in einem Fall auf der Lungenkapsel ermittelt werden konnten.

Bei den von uns mit bovinen Tuberkulosebakterien infizierten vier *Krallenfröschen* fanden sich lediglich in der Leber und auf der Milz tuberkulöse Herde. Das Granulationsgewebe erwies sich als eine gleichförmige, dicht gelagerte Zellansammlung plasmaarmer Zellen, deren Kerne von bl asiger Struktur bei starkem Chromatingehalt waren. Riesenzellen, Verkäsungen oder Nekrosen konnten nicht beobachtet werden. Trotz der unterschiedlichen Versuchsdauer von 24 bis 127 Tagen wurde in keinem Fall eine bindegewebige Abgrenzung oder Organisation festgestellt. Da sich diese Befunde jedoch nur auf vier Tiere erstrecken, möchten wir sie nicht als maßgebende Ergebnisse für die weiteren Untersuchungen mit heranziehen. Hierzu wäre eine Wiederholung der gleichen Versuche in größerem Umfang an Fröschen erforderlich.

Entsprechend den morphologischen Befunden nach Verimpfung von virulenten humanen und bovinen Mykobakterien konnten wir auch bei den mit abgetöteten bovinen Erregern infizierten Axolotln auf der Leberkapsel sowie im Leberparenchym zellige Granulome beobachten. Der Aufbau dieser Herde entsprach völlig den vorher beschriebenen. Neben stark chromatinhaltigen Epitheloidzellkernen fanden sich wiederum in geringer Anzahl Lymphocyten und vereinzelt Riesenzellen, die hier jedoch manchmal stark dem Fremdkörper-Riesenzelltyp ähnelten.

Gleichartige Veränderungen wurden weiterhin auch auf den serösen Häuten der Niere sowie im Mesenterium beobachtet.

Bindegewebige Abgrenzungsvorgänge bzw. Neubildung von Bindegewebszellen in den größeren Tuberkeln konnten wir in keinem Fall beobachten, wobei wieder darauf hinzuweisen wäre, daß auch aus dieser Versuchsgruppe kein Tier länger als acht Wochen im Versuch gehalten wurde. Verkäsungen oder Nekrosen wurden nie beobachtet. Da sich keine grundlegenden Abweichungen gegenüber den bereits beschriebenen Befunden erkennen ließen, soll auf eine eingehende Beschreibung verzichtet werden.

Auch bei den mit saprophytären säurefesten Bakterien (Mycobacterium phlei) infizierten Axolotln erwiesen sich die angetroffenen Veränderungen sowohl makroskopisch als auch histologisch als weitgehend gleichartig mit den bei der Kaltblüter- und Warmblütertuberkulose beschriebenen. Nur in einigen Fällen zeigten sich die Zellherde auf der Leberkapsel stark aufgelockert, enthielten aber auch einzelne Riesenzellen. Diese Veränderungen glichen mehr einer unspezifischen Reaktion. In dem sonst anzutreffenden Granulationsgewebe trat bei dieser Versuchsserie eine besonders starke Riesenzellbildung hervor. Die Riesenzellen erwiesen sich als sehr plasmareich, jedoch waren die Kerne auch hier in den meisten Fällen randständig (siehe Abb. 19). Die älteren Prozesse wiederum, nach mehr als zehnwöchiger Versuchsdauer, ließen eine bindegewebige Organisation des Granulationsgewebes erkennen (Abb. 19).

Die im Parenchym der Leber auftretenden großknotigen Herde erwiesen sich von gleichem Aufbau wie die vorher beschriebenen, wobei neben Epitheloidzellen und Lymphocyten auch Riesenzellen vom Langhansschen Typ beobachtet werden konnten. An der Peripherie dieser Herde kommt es durch tangential konzentrisch angeordnete Bindegewebszellen zu einer Abgrenzung des Prozesses.

Zu einer Fettinfiltration kam es auch bei den hier zu beobachtenden Veränderungen nie.

III. Zusammenfassender Überblick über die spontane und experimentelle Tuberkulose der Amphibien

Die Tuberkulose tritt bei Amphibien spontan offensichtlich nur selten auf. Bisher sind nur sieben Fälle spontaner Tuberkulose bei Froschlurchen beschrieben worden. Größere Reihenuntersuchungen von Fröschen aus der freien Natur durch verschiedene Autoren (Küster, Weber und Taute u. a.) sind stets negativ verlaufen. Bei den Schwanzlurchen (Urodelen) sind Fälle von spontaner Tuberkulose bisher überhaupt noch nicht beschrieben worden. Sowohl die Anuren als auch die Urodelen lassen sich experimentell mit Kaltblütertuberkulose und mit den verschiedenen Typen der Warmblütertuberkulose infizieren. Die spontane und experimentelle Tuberkulose der Anuren und der Urodelen weist gewisse Unterschiede auf. Bei der Anurentuberkulose sind bei experimenteller Übertragung gewisse Anzeichen einer Primärinfektion nachweisbar. Ich verweise in dieser Beziehung auf die lokalen Lymphsackveränderungen mit Durchbruch durch die äußere Haut (Lubarsch, 1900; Herzog 1902; u. a.). Allgemein verläuft die tuberkulöse Erkrankung bei Fröschen nach Verimpfung von Kaltblüter- und Warmblütertuberkulose meist chronisch. Im Verlauf der Generalisation, die bereits nach zwei Wochen nachweisbar ist, kommt es in erster Linie in der Leber, daneben aber auch in Nieren, Lungen und Mesenterium zur Entstehung stecknadelkopf- bis erbsengroßer grauweißer Neubildungen. Letztere weisen nur vereinzelt ein grünlichgraues nekrotisches Zentrum auf. Histologisch bestehen die Herde vorwiegend aus Epitheloidzellen und einer bindegewebigen Abkapselung sowie einer deutlich nachweisbaren Gitterfaserneubildung. Innerhalb der Herde sind sowohl bei spontanen als auch bei experimentellen Fällen von Kaltblütertuberkulose massenhaft säurefeste Stäbchen nachweisbar. In den durch Warmblütertuberkulose bedingten Tuberkeln ist die Zahl der säurefesten Stäbchen nicht ganz so groß wie bei der Kaltblütertuberkulose. Eine Verkalkung wurde bei der Froschtuberkulose niemals beobachtet. Die Bildung von Langhansschen Riesenzellen konnte in Ausnahmefällen beobachtet werden.

Gewisse Unterschiede weist demgegenüber die Tuberkulose der Urodelen auf, bei denen spontane Fälle bisher überhaupt noch nicht beschrieben wurden. Übertragungsversuche bei Urodelen sind unseres Wissens bisher ebenfalls noch nicht vorgenommen worden. Wir sind daher auf die von uns selbst am Axolotl durchgeführten Übertragungsversuche angewiesen.

In erster Linie sind die Urodelen für die Kaltblütertuberkulose sehr empfänglich, doch lassen sich bei ihnen auch durch Warmblütertuberkulose (Tb. bov., Tb. hum. und Tb. gall.) tuberkulöse Veränderungen erzeugen. Im Vordergrund stehen dabei die Leberveränderungen, doch können daneben auch Nieren, Lungen und Mesenterium betroffen sein. Es kommt zur Entstehung grauweißer, stecknadelkopf- bis erbsengroßer Granulome, die nur vereinzelt ein grünkäsiges, nekrotisches Zentrum aufweisen. Histologisch handelt es sich um Epitheloidzellentuberkel mit bindegewebiger Abkapselung. Daneben kommt es auch in den Herden zu Gitterfaserneubildung. Die Erreger lassen sich nur bei der Kaltblütertuberkulose, zum Teil in Klumpen zusammengeballt, innerhalb der Herde nachweisen. Nach Verimpfung von Ktb.-Bakterien starben die Axolotl in der Regel nach vierzehn Tagen bis sieben Wochen. Eine Generalisation auf hämatogenem oder lymphogenem Wege wurde nicht beobachtet. Bei der intraperitonealen Verimpfung fanden sich die Veränderungen stets nur auf den serösen Häuten und serösen Überzügen der Organe. Im Gegensatz zur Froschtuberkulose waren bei den Axolotln Riesenzellen vom Langhansschen Typ stets reichlich nachweisbar. Bei der Infektion mit Wtb.-Bakterien war die Überlebenszeit länger. Auch hier konnten nach zehn- bis zwölfwöchiger Versuchsdauer eine deutliche Gitterfaserneubildung und eine bindegewebige Organisation der Herde nachgewiesen werden. Verkäsung und Verkalkung konnten beim Axolotl niemals beobachtet werden. Eine Verfettung der Epitheloidzellen ließ sich ebenfalls nicht nachweisen.

Auch bei Verimpfung saprophytärer, säurefester Mykobakterien (Mycobakteriumphlei) und abgetöteter boviner Erreger kam es zu gleichartigen histologischen Veränderungen.

Die Tuberkulose der Reptilien

A. Die Tuberkulose der Schlangen

I. Die spontane Tuberkulose der Schlangen

a) Fälle aus der Literatur

Den ersten Fall einer spontanen Reptilientuberkulose beschreibt Sibley (1889). Er konnte bei einer Ringelnatter (Tropidonotus natrix, var. murorum), die nach einer Gefangenschaft von wenigen Monaten in einem zoologischen Garten starb, massenhaft Knötchen in der Unterhaut sowie im lockeren Bindegewebe der Leibeshöhle feststellen. Weiterhin fanden sich bei ihr in Leber, Milz, Nieren und Geschlechtsorganen zahlreiche miliare Tuberkel. Kurze Zeit später berichten Gibbes und Shurly (1890), daß auch sie bei mehreren großen Schlangen (Boa und Python) spontane tuberkulöse Veränderungen in den Lebern beobachten konnten. Shattock (1902) stellte sodann bei einer Python molurus, die nach zweimonatiger Krankheit in einem zoologischen Garten verendete, mit bloßem Auge sichtbare tuberkulöse Veränderungen am Oesophagus, am Magen und in den Lungen fest. In diesem Fall wird die Vermutung ausgesprochen, daß es sich eventuell um eine aviäre Tuberkuloseinfektion, durch die ausschließliche Verfütterung von Enten hervorgerufen, gehandelt haben könnte. Eine weitere Beobachtung spontaner Tuberkulose bei einer Python reticulatus beschreibt v. Hansemann (1903), der einen traubenförmigen Körper in der Nähe des Pankreas, eng mit dem Netz verbunden, feststellen konnte. In einer von Griffith (1928, A) gegebenen Aufstellung über Tuberkulosefälle in Gefangenschaft gehaltener Tiere finden sich Angaben über tuberkulöse Veränderungen im Mesenterium und in der Lunge bei einer Tarbophis fallax. Recht ausführlich berichtet dann Aronson (1929) über vier weitere Fälle bei Thamnophis sirtalis, in denen er tuberkulöse Veränderungen in Leber, Lunge, Milz und Lymphknoten ermitteln konnte. Bei den von Scott (1930) beschriebenen zehn weiteren spontanen Tuberkulosefällen fanden sich in erster Linie Veränderungen in Lunge, Leber, Milz, Haut und Unterhaut. In Einzelfällen wurden von ihm auch Tuberkel in den Nieren, im Pankreas, in den Geschlechtsorganen und auf dem Peritoneum festgestellt. Einem Bericht von Griffith (1941) über die Tuberkulose weiterer vier Schlangen (Pythonarten) ist zu entnehmen, daß die Veränderungen auf Lunge und Leber beschränkt blieben. In zwei der von ihm hier erwähnten Fälle wird, wie auch bei Shattock, eine aviäre Infektion vermutet.

Versucht man, die Beobachtungen aller Untersucher zusammenzufassen, so kann gesagt werden, daß bei den Schlangen fast alle Organe tuberkulöse Veränderungen aufweisen können; bevorzugt scheinen aber auch hier Leber, Lunge und Milz betroffen zu sein.

Den *makroskopischen Befunden* der vorgenannten Autoren ist zu entnehmen, daß die Leber meist mit festen, grauweißen, leicht erhabenen Tuberkeln von Hirsekorn- bis Erbsengröße übersät war. Die Herde waren meist von kugeliger Gestalt und vom umgebenden Lebergewebe scharf abgesetzt. Die größeren Knötchen wiesen beim Anschnitt eine käsige Beschaffenheit auf. In dem einen von Aronson beschriebenen Fall konnte am kranialen Pol der Leber außerdem eine „Kaverne" von 3 cm Durchmesser und einer Tiefe von 5 cm beobachtet werden, die mit schleimigeitrigem Material angefüllt war, in dem massenhaft säurefeste Stäbchen nachweisbar waren. Die in den *Lungen* anzutreffenden miliaren Herde erwiesen sich ebenfalls als graue, feste, erhabene Bezirke, deren Durchmesser unter Einbeziehung der irregulären Grenzen bei 3 bis 5 mm lag. Scott weist in seiner Arbeit besonders auf die häufige Verkäsung dieser Lungenherdchen hin. In einzelnen Fällen konnte er verkäste Herde bis zu Walnußgröße in der Lunge beobachten. Die *Milzveränderungen* werden unterschiedlich beschrieben. Während SIBLEY das Organ derart stark verändert vorfand, daß eigentliches Milzgewebe kaum noch zu erkennen war, konnten die übrigen Untersucher in der Milz lediglich Herde von Hanfkorn- bis Erbsengröße beobachten. Die gleiche Struktur wie in den vorgenannten Organen wiesen auch die Tuberkel in den übrigen betroffenen Organen auf.

Über den *histologischen Befund* liegen nur wenige, zum Teil sehr alte Mitteilungen vor. Wenn SIBLEY vor rund 60 Jahren die Tuberkel als Rundzellenanhäufungen beschreibt und bei den verkästen Zentren von hyalindegenerierten Bezirken spricht, so ist das wohl auf die damals noch sehr lückenhafte Kenntnis der Histologie der Tuberkulose zurückzuführen. Übereinstimmend mit späteren Untersuchungen beschreibt er aber bereits die deutliche bindegewebige Abgrenzung der Herde und das massenhafte Vorkommen von säurefesten Bakterien innerhalb der Tuberkel.

Vor rund 30 Jahren hat dann ARONSON bereits etwas eingehender die Veränderungen beschrieben. Wie aus einer Abbildung in seiner Art ziemlich sicher zu erkennen ist, bestehen die miliaren Tuberkel in der Lunge der Schlangen vorwiegend oder fast ausschließlich aus Epitheloidzellen. Zentral macht sich bereits ein beginnender Kernzerfall mit Entstehung von Kerntrümmern bemerkbar. ARONSON erwähnt die deutliche bindegewebige Abgrenzung dieser miliaren Tuberkel. Von den übrigen in neuerer Zeit erschienenen Arbeiten — wie die von SCOTT (1930) und GRIFFITH (1941) — liegen keine näheren Angaben über den histologischen Befund vor.

b) Eigene Untersuchungen

Diesen in der Literatur entnommenen Beobachtungen möchten wir noch drei weitere Fälle hinzufügen. In dem einen Fall handelt es sich um eine durch TEMPEL, Dresden, (1959) sezierte Python spilotes, die nachweislich 8 Jahre in Gefangenschaft lebte. Bei ihr konnten in Leber, Lunge und Niere sowie auf dem Peritoneum miliare Tuberkel festgestellt werden, in denen sich massenhaft säurefeste Bakterien fanden. Die zweite Schlange (Python) wurde von Herrn ZWART in Utrecht (1960) seziert und ließ neben einer Arizonainfektion säurefeste Bakterien in Leber, Lunge, Darm und in der Unterhaut erkennen. Einen weiteren Fall einer Mischinfektion konnten wir bei einer Wassermoccasinschlange (Agkistrodon piscivorus) aus dem Tierpark Berlin feststellen, bei der neben säurefesten Bakterien Escherichia freundii und Schimmelpilze nachgewiesen wurden. Veränderungen von unterschiedlicher Art fanden sich hier in der Leber, den Lungen, der Milz, den Nieren sowie auf den serösen Häuten.

Die zu beobachtenden *makroskopischen Veränderungen* glichen denen, die in dem vorausgehenden Abschnitt beschrieben wurden, so daß eine Wiederholung überflüssig erscheint.

Zur Abrundung des *histologischen* Bildes der Schlangentuberkulose möchten wir aber noch ergänzend kurz die selbst erhobenen Befunde wiedergeben. In erster Linie sollen hierbei die am Material der Python spilotes gemachten Beobachtungen beschrieben werden, da in den beiden weiteren Fällen durch die bestehenden Mischinfektionen sehr unterschiedliche Veränderungen auftraten.

In der Leber zeigten sich so zahlreiche abgegrenzte Zellherde (Abb. 20), daß nur noch sehr wenig funktionstüchtiges Parenchym erhalten war. Es konnten neben kleinsten submiliaren Herden größere mit beginnender zentraler Nekrose sowie ganz große, die fast völlig nekrotisch waren, beobachtet werden. Sie zeigten sich alle mehr oder weniger von kreisrunder bis ovaler Gestalt und von gleichem Aufbau. Die submiliaren Herde wurden ausschließlich von Zellen mit bläschenförmigen, chromatinarmen Kernen gebildet und boten somit das Bild eines Epitheloidzelltuberkels. An ihrer Peripherie zeichneten sich ein bis zwei Schichten flacher Zellen ab, die die Abgrenzung zum umgebenden Gewebe darstellen. Die etwas größeren Herde wiesen bereits ein kernloses, nekrotisches Zentrum auf (Abb. 21). Um die Nekrose herum beobachtete man ein gleichförmiges Gewebe aus Zellen mit blasigen Kernen. Dazwischen fanden sich deutlich eingelagerte Pigmentzellen. Die äußere Begrenzung dieser Herde wurde durch einen mehrschichtigen Saum abgeflachter, langgestreckter Zellen gebildet. Das peripher davon gelegene Lebergewebe erwies sich meist als unverändert, nur vereinzelt fanden sich minimale Lymphocytenansammlungen und gelegentlich einige eosinophile Granulocyten. In einzelnen Fällen konnte eine ganz geringgradige, feintropfige Fettinfiltration im Bereich der Nekrosen sowie in den angrenzenden Epitheloidzellen beobachtet werden. Die von den Leberschnitten speziell angefertigten Silberimprägnationen nach GOMORI ließen deutlich erkennen, daß es auch in den tuberkulösen Herden zu einer Gitterfaserneubildung wie bei den Säugetieren kam. In den zentral gelegenen Nekrosepartien waren jedoch keine Fasern mehr nachzuweisen. Einige Tuberkel ließen darüber hinaus eine starke bindegewebige Induration erkennen (Abb. 22). In diesen Fällen konnten nur in den zentral gelegenen Partien feine, netzartig angeordnete, praekollagene Fasern nachgewiesen werden, also nur im Bereich der Zellen mit chromatinarmen, blasigen Kernen. Sie müssen wohl somit als echte Epitheloidzellen angesprochen werden, da ja auch bei den Säugern diesen Zellen, die Abkömmlinge des Reticulums sind, die Eigenschaft der Neubildung von Gitterfasern zugesprochen wird.

Gleichartig wie die in der Leber beschriebenen Veränderungen waren auch die in den übrigen Organen anzutreffenden Tuberkel. Bei den in der Lunge zu beobachtenden Herden konnten an der Peripherie der Nekrose gelegentlich noch pyknotische Kerne festgestellt werden (Abb. 23). Die Nierenveränderungen glichen völlig den vorher beschriebenen Herden. Im Herz konnten ebenfalls derartige Tuberkel sowohl auf dem Peri- und Endokard als auch in großer Zahl im Myokard beobachtet werden.

Abschließend mag noch darauf hingewiesen werden, daß auch im subserösen Fettgewebe rein zellige und zentral nekrotische Tuberkel festgestellt werden konnten. In den tuberkulösen Veränderungen aller Organe fanden sich stets massenhaft säurefeste Stäbchen, die besonders in den nekrotischen Gewebspartien derart gehäuft auftraten, daß sie nach erfolgter Ziehl-Neelsen-Färbung bereits mit dem schwachen Trockensystem als rotgefärbte Massen festgestellt werden konnten.

Die *histologische Untersuchung* der beiden weiteren uns zur Verfügung stehenden Fälle ließ auf Grund der vorliegenden Mischinfektionen sehr unterschiedliche Veränderungen erkennen, die nicht im einzelnen hier wiedergegeben werden sollen. Erwähnen möchten wir jedoch, daß in der Leber neben homogenen Nekrosen und Lymphocyteninfiltraten auch typische Tuberkel beobachtet wurden, die eine zentrale Nekrose erkennen ließen, umgeben von einem Saum blasiger Epitheloidzellen, die wiederum von einer Bindegewebskapsel umschlossen waren. In diesen Herden konnten massenhaft säurefeste Bakterien nachgewiesen werden. Bei der Silberimprägnation zeigten sich wie in den vorbeschriebenen Veränderungen typische neugebildete Gitterfasern. Bei der weiterhin von uns untersuchten Wassermoccasinschlange zeigten sich ebenfalls in der Leber neben anderen Veränderungen gleichartige kreisrunde Herde blasigkerniger Zellen, deren Zentrum eine stark eosinophilgefärbte Nekrose mit zahlreichen Kerntrümmern erkennen ließ. Die in diesen Knötchen anzutreffenden säurefesten Bakterien lassen vermuten, daß es sich auch hier um tuberkulöse Veränderungen handelt.

II. Die experimentelle Tuberkulose der Schlangen

1. Nach Verimpfung von Kaltblütertuberkulosebakterien

Bei den an Schlangen vorgenommenen Versuchen mit Kaltblütertuberkulose können wir uns nur auf die der Literatur zu entnehmenden Fälle berufen (Tab. 9). Für diese Versuche wurden neben Ringelnattern (Tropidonatrix natrix) auch Grasschlangen (Natrix piscator) sowie Garter-snakes (Thamnophis sirtalis) herangezogen. Als Impfmaterial diente das Mycobacterium piscium, das Schildkrötentuberkulosebakterium von FRIEDMANN sowie Material

Tabelle 9
Experimentelle Tuberkulose bei Schlangen nach Verimpfung von Ktb.-Bakterien
(Fälle aus der Literatur)

Autor	Tierart	Impfmat.	Appl.	Haltungs-temp. (°C)	Versuchs-dauer	Ergebnisse		
						Bakt.	Path.	Histol.
Friedmann (1903, B)	Ringelnatter	Schildkr.-Tb. Organmat.	i. p.	—	5 bis 6 Wochen	pos.	pos.	pos.
Küster (1906)	Ringelnatter	Froschtb.	i. p.	20—22	18–26 Tage	pos.	pos.	pos.
Sorgo u. Suess (1907)	Ringelnattern Zornnattern	Fischtb. Fischtb.	s. c. s. c.	— —	79 Tage 26 Tage	pos. pos.	pos. pos.	pos. pos.
Aronson (1929)	Thamnophis sirtalis	Schlangentb.	i. p.	—	3—8 Tage	pos.	pos.	pos.
Sadettin (1933)	Ringelnatter Ringelnatter	Schlangentb.	s. c. i. p.	—	15–21 Tage	pos. pos.	pos. pos.	pos. pos.
Griffith 1941)	Grasschlange Grasschlange	Schlangentb. Schlangentb.	s. c. s. c.	— —	16 Tage 267 Tage	pos. pos.	pos. pos.	pos. pos.

aus einer spontan an Tuberkulose erkrankten Thamnophis sirtalis und Froschtuberkulosebakterien. Die Impfung erfolgte sowohl intraperitoneal als auch subkutan, und die Versuchsdauer variierte bei den einzelnen Untersuchern meist zwischen drei und vier Wochen; in diesem Fall jedoch wurde ein geimpftes Tier 267 Tage gehalten. Als Ergebnis der Untersuchungen kann zunächst festgestellt werden, daß in allen Fällen die Infektion mit Kaltblütertuberkulose zu tuberkulösen Veränderungen führte, wobei jedesmal nach Abschluß des Versuchs die verimpften Erreger wieder nachgewiesen werden konnten. Sowohl bei intraperitonealen als auch bei subkutanen Infektionen kam es stets zu einer Generalisation.

Makroskopisch konnten in Leber, Lungen, Milz und Nieren sowie auf dem Mesenterium und auf allen serösen Häuten der Leibeshöhle massenhaft bis stecknadelkopfgroße, grauweiße Knötchen festgestellt werden. Neben derartigen Veränderungen wurden sowohl von Sorgo und Suess (1907) als auch von Aronson (1929) stark nekrotisierende Veränderungen festgestellt. In diesen Fällen erwies sich die Impfstelle in weiter Ausdehnung als verkäst. Daneben fand sich auch die Milz fast vollständig käsig-nekrotisch umgewandelt. Ebenfalls zeigten sich bei den Untersuchungen von Friedmann (1903, B) auf Leber und Peritoneum zahllose verkäste Knötchen.

Histologisch wurden in allen Fällen, genau wie bei der spontanen und experimentellen Kaltblütertuberkulose der Fische und Amphibien, massenhaft säurefeste Stäbchen in den tuberkulösen Veränderungen beobachtet. Um die meist haufenförmig gelagerten Bakterien fand sich eine Zone epitheloider Zellen mit großem bläschenförmigem Kern und hellem Protoplasmaleib. Die Randschicht der Knötchen wurde von einem Ring von Bindegewebszellen mit hyperchromatischen Kernen gebildet. In mehreren Fällen zeigten die Herde zentral eine ausgedehnte Zone nekrotischen Granulationsgewebes mit massenhaft säurefesten Bakterien. Sorgo und Suess (1907) wiesen außerdem darauf hin, daß im adventitiellen Gewebe der Bauchgefäße tuberkulöse Veränderungen auftraten. Von den gleichen Untersuchern wurden die tuberkulösen Veränderungen als ebenfalls überwiegend nekrotisch beschrieben, wobei sie speziell auf ein Zurücktreten der proliferativen Vorgänge verwiesen. Nur ein einziges Mal wurden von den eben erwähnten Untersuchern Riesenzellen festgestellt. In den Beschreibungen der übrigen Autoren fehlten Angaben über eine Riesenzellbildung vollständig. Verkalkungsvorgänge wurden niemals beobachtet.

2. *Nach Verimpfung von Warmblütertuberkulosebakterien*
(Fälle aus der Literatur und eigene Untersuchungen)

Die wenigen bisher durchgeführten Versuche wurden fast ausschließlich mit humanen Tuberkulosebakterien vorgenommen (Tab. 10). Nur in einem Fall wurde mit bovinen Tb.-Bakterien experimentiert. Für die Versuche wurden Ringelnattern (Tropidonatrix natrix), Äskulapschlangen (Columen aesculapii) und Zornnattern (Zamenis viridiflavus) herangezogen. Die Impfung erfolgte in allen Fällen subkutan, und die Versuchsdauer variierte zwischen 31 und 155 Tagen. Wichtig erscheint es, darauf hinzuweisen, daß die von SIBLEY (1892) verwendeten Ringelnattern bei 35 °C im Versuch gehalten wurden.

Tabelle 10

Experimentelle Tuberkulose bei Schlangen nach Verimpfung von humanen und bovinen Tuberkulosebakterien

a) Fälle aus der Literatur

Autor	Tierart	Impfmat.	Appl.	Haltungstemp. (°C)	Versuchsdauer	Ergebnisse		
						Bakt.	Path.	Histol.
SIBLEY (1892)	Ringelnattern	Tb. hum.	s. c.	35	52–71 Tage	pos.	pos.	pos.
SORGO u. SUESS (1907)	Ringelnattern	Tb. hum.	s. c.	18—20	31 bis 155 Tage	pos.	pos.	pos.
	Zornnatter	Tb. hum.	s. c.	18—20	27 Tage	pos.	pos.	pos.
	Äskulapschlangen	Tb. hum.	s. c.	18—20	57–59 Tage	pos.	pos.	pos.
TSUKIYAMA (1908)	Ringelnattern	Tb. hum.	s. c.	—	92 Tage	neg.	neg.	neg.
	Ringelnattern	Tb. bov.	s. c.	—	24–49 Tage	neg.	neg.	neg.

b) Eigene Untersuchungen

Lfd. Nr.	Tierart	Impfmat.	Appl.	Haltungstemp. (°C)	gest. + get. —	Versuchsdauer	Ergebnisse		
							Bakt.	Path.	Histol.
1.	Ringelnatter	Tb. bov.	i. p.	20—25	—	45 Tage	pos.	neg.	pos.
2.	Ringelnatter	Tb. bov.	i. p.	20—25	—	45 Tage	pos.	neg.	pos.

Als zusammenfassendes Ergebnis aller Versuche konnte festgestellt werden, daß durch die Verimpfung von humanen Tb.-Bakterien auch bei Schlangen tuberkulöse Veränderungen erzeugt werden konnten. Bei den Versuchen mit bovinen Tb.-Bakterien erhielt TSUKIYAMA (1908) zwar keine positiven Ergebnisse, woraus jedoch noch keine Rückschlüsse gezogen werden können, da bei ihm auch die Verimpfung humaner Erreger erfolglos verlief.

Der *bakteriologische* Nachweis der verimpften Bakterien nach Abschluß des Versuchs gelang nur SIBLEY (1892) sowie SORGO und SUESS (1907). TSUKIYAMA (1908) konnte dagegen keine Bakterien ermitteln.

Makroskopisch konnten von SIBLEY in der Leber kleine speckige Herde ermittelt werden. Daneben fand er in den Lungen miliare Herdchen sowie Degenerationen und Nekrosen. SORGO und SUESS stellten im Bereich der Impfstelle unter der Haut viele hirsekorngroße weiche Körnchen fest, in denen sich reichlich Tb.-Bakterien fanden. Gelegentlich zeigte sich an der Impfstelle ein bis zu erbsengroßes nekrotisches Infiltrat. Offensichtlich handelt es sich hier um einen Primärherd. Gleichartige Knötchen beobachteten die vorgenannten Autoren im Unterkieferwinkel sowie entlang der Trachea, auf der Leibeshöhlenserosa und entlang der großen Gefäße. In der Leber fanden sich zahlreiche bis linsengroße gelbweißliche, hellrot umsäumte konfluierende Flecken. Gelegentlich wurden auch in den Lungen zahlreiche rötlichweiße, stecknadelkopfgroße Knötchen festgestellt. Die von TSUKIYAMA beschriebenen herdförmigen Veränderungen im Bereich der Impfstelle und auf der Leber konnten hier nicht berücksichtigt werden, da bei diesen Versuchen der Bakteriennachweis stets negativ verlief, so daß die Veränderungen durchaus nicht tuberkulösen Ursprungs gewesen sein müssen.

Den nur spärlichen *histologischen* Beschreibungen kann entnommen werden, daß in der Leber „kleine runde pigmentierte Herde, bestehend aus 10 bis 30 Rundzellen", auftraten. In den Lungen erwiesen sich die Alveolen ausgefüllt mit Detritusmassen und Kernfragmenten. Vereinzelt fanden sich hier eosinophile Granulocyten. In den noch nicht zerfallenen Teilen der Lungenveränderungen zeigten sich große Zellen mit rundem Kern und daneben zahlreiche eosinophile Granulocyten. In allen beschriebenen Veränderungen der Schlangen ließen sich massenhaft säurefeste Bakterien feststellen, die zum Teil zopfartig gelagert waren. Gelegentlich fanden sich auch die säurefesten Stäbchen phagozytiert in den großen Rundzellen.

Diese Beobachtungen aus der Literatur möchten wir durch zwei *eigene Untersuchungen* ergänzen. Es handelt sich dabei lediglich um einen Testversuch, bei dem zwei Ringelnattern mit je 0,5 ml einer Tb.-bov.-Aufschwemmung intraperitoneal infiziert wurden. Nach sechswöchiger Versuchsdauer ließen sich allerdings nur mit dem Mikroskop sowohl in der Leber als auch in den Lungen, in der Milz und auf den serösen Häuten scharf abgesetzte submiliare, runde Zellherde erkennen. Der histologische Aufbau war gleichartig wie bei den in der Literatur beschriebenen Fällen, jedoch traten hier nach sechs Wochen Versuchsdauer noch keine Nekrosen in den Tuberkeln auf. Die besonders in der Leber recht zahlreich zu beobachtenden Herde bestanden ausschließlich aus Epitheloidzellen (Abb. 24). Vereinzelt konnten in den Granulomen auch Pigmentzellen und Lymphocyten beobachtet werden. Die Abgrenzung zum umgebenden Parenchym bestand meist aus ein- bzw. mehrschichtigen Lagen von Fibrocyten. Im Bereich dieser bindegewebigen Abgrenzung konnten dicht gelagerte eosinophile Granulocyten festgestellt werden. Den gleichen Aufbau wie in der Leber zeigten auch die Tuberkel in der Milz (Abb. 25). Im Gegensatz zu dem dunkelkernigen Parenchymgewebe traten hier die hellen, aus Epitheloidzellen bestehenden Herde besonders deutlich hervor. In einigen Konglomerattuberkeln auf der Lungenkapsel fanden sich Riesenzellgebilde, die eine gewisse Ähnlichkeit mit den Langhansschen Riesenzellen der Säuger auf Grund ihrer randständig gelagerten Kerne erkennen ließen. Da diese Riesenzellen jedoch nur ganz vereinzelt zu beobachten waren, möchten wir sie nicht als typischen Bestandteil des tuberkulösen Granulationsgewebes der Schlangen ansprechen.

Bei der von uns durchgeführten Fettfärbung konnten in den Tuberkeln niemals Fettinfiltrationen festgestellt werden. Die Silberimprägnation nach GOMORI ließ eine zu diesem Zeitpunkt beginnende Neubildung von feinsten Gitterfasern erkennen (Abb. 26).

In Übereinstimmung mit den anderen Untersuchern konnten auch wir in den tuberkulösen Herden recht zahlreich säurefeste Erreger feststellen.

III. Zusammenfassender Überblick über die spontane und experimentelle Tuberkulose der Schlangen

Spontantuberkulosen bei Schlangen sind bereits mehrmals beschrieben worden. Außerdem konnten auch entsprechende eigene Beobachtungen gemacht werden. Die tuberkulösen Veränderungen fanden sich in fast allen Organen der Leibeshöhle, wobei besonders die Veränderungen in der Leber im Vordergrund standen. Die festen, grauweißen, leicht erhabenen Tuberkel, die bis zu Erbsengröße erreichten, wiesen beim Anschnitt käsige Beschaffenheit auf. Histologisch zeigten sich meist stark bindegewebige abgegrenzte reine Epitheloidzellentuberkel, die zentral eine homogene, stark mit Eosin angefärbte Nekrose erkennen ließen. In diesem Bereich konnten stets massenhaft säurefeste Stäbchen ermittelt werden. Riesenzellbildung konnte nur von einem Untersucher beobachtet werden. In allen Spontantuberkulosefällen bei Schlangen war es zu einer Generalisation gekommen. Die Ermittlung des Primärinfektes konnte jedoch niemals mit Sicherheit erbracht werden.

Die lediglich aus der Literatur zusammengestellten Versuche der Verimpfung von Kaltblütertuberkulose an Schlangen ließen ein gleichartiges Bild wie bei der Spontantuberkulose erkennen. Es kam bei diesen Versuchen sowohl nach subkutaner als auch nach intraperitonealer Verimpfung zu einer Generalisation der Tuberkulose. Der histologische Aufbau der Tuberkel glich völlig dem der Spontantuberkulose.

Aus den in der Literatur beschriebenen Versuchen an Schlangen mit Warmblütertuberkulose geht hervor, daß zunächst im Bereich der Impfstelle ein bis zu erbsengroßes, nekrotisches Infiltrat entstand, wobei es sich offensichtlich um einen Primärinfekt handelte. Von hier ausgehend, kam es zu einer Generalisation in Leber und Lungen, in denen sich miliare Herdchen ausbildeten. Der histologische Aufbau der entstandenen Tuberkel entsprach wiederum dem der spontanen Veränderungen. Auch in diesen Fällen konnten massenhaft säurefeste Stäbchen in den nekrotischen Gewebeanteilen beobachtet werden.

Die von uns lediglich als Testung durchgeführte Verimpfung von bovinen Erregern an zwei Ringelnattern zeigte, daß es nach sechswöchiger Versuchsdauer zur Ausbildung von submiliaren und miliaren Tuberkeln in Leber und Milz, in den Lungen und auf den serösen Häuten kam. Histologisch erwiesen sich die Herde als Epitheloidzellentuberkel, die zum Teil bindegewebig abgegrenzt waren. Häufig wurde eine Anlagerung von eosinophilen Granulocyten an die Peripherie der Tuberkel beobachtet. Zu einer Fettinfiltration im Bereich der Veränderungen kam es zu diesem Zeitpunkt nicht, dagegen konnte aber eine feinmaschige Gitterfaserneubildung festgestellt werden. Säurefeste Stäbchen fanden sich auch hier in den Tuberkeln recht zahlreich.

B. Die Tuberkulose der Schildkröten

I. Die spontane Tuberkulose der Schildkröten

Im Gegensatz zu den recht zahlreichen Berichten über Spontantuberkulosen bei Schlangen beschränken sich die Angaben über spontane Schildkrötentuberkulosen auf nur vier Fälle. Als erster berichtet Friedmann (1903, A u. C) recht ausführlich über spontane Tuberkulose bei zwei Wasserschildkröten (Chelone corticata) aus dem Berliner Aquarium. In beiden Fällen fand er nur in den Lungen Veränderungen. Alle übrigen Organe zeigten sich völlig normal. Einen weiteren Tuberkulosefall bei einer Landschildkröte (Trionyx gangeticus) führt Scott (1930) in seiner Zusammenstellung der Spontantuberkulosen bei Reptilien an. Hier fanden sich tuberkulöse Veränderungen an beiden Schlüsselbeinen und an der rechten Seite des Ileum. In einer uns leider nicht zugänglichen Arbeit von Besse (1949) wird über einen weiteren Spontantuberkulosefall bei einer Trionyx triungus berichtet.

Die makroskopische Beschreibung der Friedmannschen spontanen Schildkrötentuberkulosefälle ist recht ausführlich und kann hier nur gekürzt wiedergegeben werden. Im ersten Fall erwies sich die linke Lunge von normalem Aussehen. Die rechte Lunge dagegen war vergrößert und von ungleichmäßiger, aber fast in toto fester, milzartiger, bisweilen noch härterer Konsistenz. Die Oberfläche der Lunge zeigte eine unregelmäßige, höckerige Beschaffenheit. Ihre Farbe war im allgemeinen dunkelblaurot und ließ an mehreren Stellen „Käseknoten" durchscheinen. Am unteren Drittel der rechten Lunge zeigte sich eine kleinhühnereigroße Geschwulst, die etwa zur Hälfte über das Oberflächenniveau hervorragte. Beim Einschneiden erwies sie sich als taubeneigroße Höhle. Im Inneren dieser Kaverne wurden den Aktinomykosedrüsen ähnliche Herde beobachtet. Im zweiten Fall erwiesen sich beide Lungen größtenteils von fester, leberartiger Konsistenz. Die Oberfläche beider Lungen war von unregelmäßiger, kleinhöckeriger Beschaffenheit. Durch die dunkelblaurote Oberfläche schienen zahlreiche käsige Knoten hindurch, die beim Einschneiden eine bröcklige, käsige, meist schmierige Masse aufwiesen.

In dem von SCOTT beschriebenen Fall zeigte sich im Vergleich zu den übrigen Reptilientuberkulosen ein recht außergewöhnlicher Befund: Am vorderen ventralen Panzer waren zwei Perforationen mit unregelmäßigem Rand zu beobachten. Die eine Perforation stand mit einem großen käsigen Herd im Bereich der zum Teil nekrotischen Schlüsselbeinenden in Verbindung. Die zweite Perforation lag etwas weiter kaudal und führte ebenfalls zu einem Abszeß, der seinen Sitz im Bereich des Ileum hatte, das selbst in die Veränderung mit einbezogen und zerfressen war. Aus beiden verkästen Herden wurden sehr reichlich säurefeste Stäbchen nachgewiesen.

Bei der *histologischen Untersuchung* der von FRIEDMANN beobachteten Fälle wurden ebenfalls massenhaft säurefeste Bakterien im Granulationsgewebe beobachtet. Im Bereich der Lungenherde war die ursprüngliche alveoläre Struktur der Lungen nicht mehr zu erkennen. Das Granulationsgewebe bestand aus „großen spindel-, birnen- bzw. sternförmigen oder auch runden Zellen mit hellem, bläschenförmigem Kern und dunklem Kernkörperchen“. Daneben wurden massenhaft Wanderzellen sowie granulierte Leukocyten mit kleinen, dunkel gefärbten Kernen beobachtet. Eingesprengt in das Granulationsgewebe fand sich eine große Anzahl submiliarer Knötchen, die meist schon bei ganz schwacher Vergrößerung als annähernd kreisrunde Gebilde hervortraten. Die Grundsubstanz dieser Herde bildeten „schwach blau tingierte Kerne“. Meist waren die Herde zentral bereits weitgehend in Verkäsung übergegangen. Umgeben waren diese Knötchen oft von einem mehrschichtigen Ring „dunkeltingierter granulierter Rundzellen“ und von einem Ring derben fibrösen Gewebes. Oft waren die Knötchen so dicht gestellt, daß zwei oder drei konfluierten. Vielfach fanden sich auch in der nächsten Umgebung der Knötchen im Granulationsgewebe massenhaft Riesenzellen, die genau wie die Langhansschen Riesenzellen aussahen. Die histologisch ermittelten abweichenden Befunde des zweiten Falls von FRIEDMANN wollen wir hier nicht eingehender besprechen, da es sich um eine gleichzeitige Tuberkulose- und Aktinomykoseinfektion handelte, die somit kein klares Bild einer Spontantuberkulose bot. Eine histologische Beschreibung des von SCOTT beobachteten Falls liegt nicht vor.

II. Die experimentelle Tuberkulose der Schildkröten

1. *Nach Verimpfung von Kaltblütertuberkulosebakterien*

a) Fälle aus der Literatur

In der nachfolgenden Tabelle 11 sind die uns aus der Literatur bekannt gewordenen Untersuchungen zusammengefaßt. Als Versuchstiere wurden sowohl Landschildkröten (Testudo graeca) als auch Sumpfschildkröten (Emys europaea) verwendet. Zur Injektion wurde von FRIEDMANN (1903, B) der von ihm aus Schildkröten gezüchtete Tb.-Erreger herangezogen. GOTTSTEIN (1905) verwendete Mykobakterien aus einer spontanen Blindschleichentuberkulose und KÜSTER (1906) solche aus einer spontanen Froschtuberkulose. Auch die Applikationsweise war bei den drei Autoren unterschiedlich. FRIEDMANN führte neben Injektionen in die Lunge eine intraperitoneale Injektion aus und impfte außerdem subkutan in eine Hauttasche im Bereich der rechten Schulter. GOTTSTEIN macht keine Angaben über die Art der Injektion. KÜSTER injizierte ausschließlich subkutan. Die Versuchsdauer variierte zwischen 15 und 92 Tagen.

In allen Fällen haftete die Infektion. Der *bakteriologische* Nachweis der verimpften Erreger nach Abschluß des Versuchs war stets möglich.

Die *makroskopischen* Befunde sind, bedingt durch die unterschiedliche Infektionsart, etwas verschieden. So konnte FRIEDMANN bei Injektion in die Lunge sowohl auf der Oberfläche

Tabelle 11
Experimentelle Tuberkulose bei Schildkröten nach Verimpfung von Ktb.-Bakterien (Fälle aus der Literatur)

Autor	Tierart	Impfmat.	Appl.	Haltungstemp.	Versuchsdauer	Ergebnisse Bakt.	Path.	Histol.
FRIEDMANN (1903)	Sumpfschildkr. (Emys europ.)	Schildkr.-Tb. Organmat.	rechte Lunge	—	28–35 Tage	pos.	pos.	—
	Sumpfschildkr.	Schildkr.-Tb. Organmat.	Hauttasche rechte Schulter	—	92 Tage	pos.	pos.	pos.
	Landschildkr. (Testudo gr.)	Schildkr.-Tb. Kultur	Lunge	—	30 Tage	pos.	pos.	pos.
	Landschildkr.	Schildkr.-Tb. Kultur	i. p.	—	21–30 Tage	pos.	pos.	pos.
GOTTSTEIN (1905)	Schildkr.	Blindschl.-Tb.	—	—	—	pos.	pos.	pos.
KÜSTER (1906)	Sumpfschildkr.	Froschtb.	s. c.	—	15 Tage	pos.	pos.	pos.

der Lungen als auch im Lungengewebe selbst zahllose käsige Knötchen feststellen. Gleichfalls waren Leber und Milz stark geschwollen und massenhaft von weißen Knötchen durchsetzt. In diesen Fällen ist es offensichtlich zu einer hämatogenen Generalisation der Tuberkulose gekommen, wobei jedoch niemals in den Nieren Veränderungen festgestellt wurden. Die subkutane Verabreichung von Tuberkulosebakterien in eine Hauttasche führte zu großen käsigen Herden im Bereich der Infektionsstelle, wobei es sich offensichtlich um einen Primärherd handelte. Auch in diesen Fällen erwies sich die Leber als dicht durchsetzt mit grauweißen Knötchen. Fibrinöse Auflagerungen auf dem Peritonealüberzug bedingten eine Verklebung der von zahlreichen Knötchen durchsetzten Milz mit den serösen Häuten der Leibeshöhle. Auch bei der subkutan ausgeführten Infektion zeigten sich in der rechten Lunge zahlreiche grauweiße Knötchen. Nach intraperitonealer Verimpfung erwies sich das ganze Peritoneum mit zahllosen dicht gelagerten, käsigen Knötchen übersät. Auch Leber und Milz, die stark geschwollen waren, ließen wieder zahlreiche Knötchen erkennen. In den Lungen konnten in diesen Fällen keine Veränderungen festgestellt werden. Die von GOTTSTEIN (1905) nur am Rande erwähnten Versuche an Schildkröten mit Blindschleichentb. zeigten makroskopisch lediglich Zellnekrosen in der Leber sowie eine Ausbildung von reichlich „fibrinösen Schwarten von hämorrhagischem Charakter“. Weitere Angaben wurden leider nicht gemacht. Bei den Untersuchungen von KÜSTER fand sich meist eine seröse Flüssigkeitsansammlung in der Leibeshöhle. Daneben wurden aber auch in Einzelfällen Knötchen in den Lungen ermittelt. Darüber hinaus wurden keine weiteren makroskopischen Veränderungen festgestellt.

Die *histologische* Untersuchung der von FRIEDMANN beobachteten Lungenherde zeigte große bronchopneumonische Prozesse, die scharf vom intakten Lungengewebe abgesetzt waren. Das Granulationsgewebe bestand aus „Rundzellen und Leukocyten“, die mit Tuberkulosebakterien vollgestopft waren. Die Leberveränderungen fanden sich in erster Linie in der Umgebung der Pigmentzellanhäufungen. Es wurden daneben aber auch zahlreiche zellarme, verkäsende Knötchen mit massenhaft Bakterien beobachtet, die zum Teil ihren Sitz in den Pfortaderästen hatten. Gleichartig waren die Veränderungen in der Milz. Auch hier standen die Verkäsungsprozesse im Vordergrund, kernhaltiges Granulationsgewebe war kaum noch vorhanden. Den spärlichen Angaben von GOTTSTEIN ist lediglich zu entnehmen, daß neben den Nekrosen in der Leber die Gefäße von Leber und Milz stark erweitert waren.

KÜSTER weist wiederum darauf hin, daß in allen Veränderungen massenhaft säurefeste Bakterien festgestellt werden konnten. Zellige Reaktionen größeren Umfangs wurden von ihm nicht beobachtet, lediglich fanden sich vereinzelt riesenzellähnliche Gebilde, die mit Bakterien angefüllt waren. In der Leber wurden dagegen im Bereich der Bakterienhaufen Ansammlungen von Rundzellen beobachtet; zu einer Bindegewebsabkapselung kam es in seinen Fällen nicht, da die Erkrankung nach seinen Angaben offenbar zu akut verlief.

b) Eigene Untersuchungen

Ergänzend zu den aus der Literatur entnommenen Fällen möchten wir hier die von uns an Landschildkröten (Testudo graeca und Testudo hermanni) vorgenommen Infektionen mit Ktb.-Erregern besprechen (Tab. 12). Als Impfmaterial dienten Kaimantb., Ranatb., Pythontb.,

Tabelle 12

Experimentelle Tuberkulose bei Schildkröten nach Verimpfung von Ktb-Bakterien (eigene Untersuchungen)

Lfd. Nr.	Tierart	Impfmat.	Appl.	Haltungstemp. (°C)	gest. + get. —	Versuchsdauer	Ergebnisse		
							Bakt.	Path.	Histol.
1.	Testudo graecae	Kaimantb.	i. p.	20—25	—	49 Tage	pos.	pos.	pos.
2.	Testudo graecae	Kaimantb.	i. p.	20—25	—	194 Tage	pos.	pos.	pos.
3.	Testudo graecae	Kaimantb.	intrapulmon.	20—25	—	194 Tage	pos.	pos.	pos.
1.	Testudo graecae	Hagedigtb.	i. p.	20—25	—	104 Tage	pos.	pos.	pos.
2.	Testudo graecae	Hagedigtb.	i. p.	20—25	—	194 Tage	pos.	pos.	pos.
1.	Testudo graecae	Ranatb.	i. p.	20—25	—	180 Tage	pos.	pos.	pos.
2.	Testudo graecae	Ranatb.	i. p.	20—25	—	194 Tage	pos.	pos.	pos.
1.	Testudo graecae	Pythontb.	intrapulmon	20—25	—	61 Tage	pos.	pos.	pos.
2.	Testudo graecae	Pythontb.	i. p.	20—25	—	180 Tage	pos.	pos.	pos.
1.	Testudo graecae	Bufotb.	i. p.	20—25	—	194 Tage	pos.	pos.	pos.

Bufotb. und Hagedigtb. Keine der von uns geimpften Schildkröten verendete im Gegensatz zu den Versuchen an Axolotln spontan. Sie wurden nach 61 bis 194 Versuchstagen getötet. Die Verimpfung von 1 ml Tb.-Aufschwemmung erfolgte in acht Fällen intraperitoneal und in zwei Fällen intrapulmonal.

Zu diesem Zweck wurde ventral einige Millimeter seitlich der Medianlinie eine 4 mm große Öffnung in den Panzer gebohrt, durch die mittels einer Knopfkanüle zunächst die seröse Auskleidung der Leibeshöhle durchstochen wurde und nachfolgend die Injektion erfolgte. Nach der Injektion verschlossen wir die Öffnung mit paraffingetränktem Zellstoff. In zwei Fällen wurde eine intrapulmonale Impfung vorgenommen, wobei nach Durchbohren des Panzers dorsal in die direkt unter dem Panzer liegenden und fest mit ihm verwachsenen Lungen injiziert wurde. Alle Tiere hielten wir während des Versuchs bei 20—25 °C. Ergänzend mag noch erwähnt werden, daß die Sektion nach Ablösen der ventralen Panzerplatte bequem vorgenommen werden konnte.

Als Ergebnis unserer Versuche kann festgestellt werden, daß in allen Fällen ein *bakteriologischer* Nachweis der verimpften Bakterien nach Abschluß der Versuche sowohl färberisch als auch kulturell erbracht werden konnte.

Makroskopisch zeigten alle intraperitoneal infizierten Schildkröten deutliche tuberkulöse Veränderungen auf der Leberoberfläche. In erster Linie wurden Knötchenbildungen auf der

Leberoberfläche verstreut über das ganze Organ beobachtet. Sie waren stecknadelkopf- bis erbsengroß, meist grauweiß und derb. Die kleineren miliaren Herde ließen ein dunkel pigmentiertes Zentrum erkennen, das von einem glasigen Bezirk umgeben war, dem sich eine hyperämische Zone am Übergang zum unveränderten Parenchym anschloß. Auf der Schnittfläche der Leber konnten bei Lupenbetrachtung häufiger ebenfalls kleine grauweiße Herdchen festgestellt werden. Zum Teil waren die Leberveränderungen auch in Form von flächenförmigen grauweißen, leicht erhabenen, festhaftenden Belägen auf der Leberkapsel anzutreffen.

Gleichartige miliare Tuberkel fanden sich in geringer Zahl auch auf dem Mesenterium und der Serosa des Darmes. In zwei Fällen, bei denen bei der Impfung der Herzbeutel verletzt worden war, konnten stecknadelkopf- bis erbsengroße grauweiße Herde auf dem Epikard im Bereich der Herzspitze festgestellt werden. Veränderungen auf den serösen Häuten der Nieren (die Nieren liegen bei den Schildkröten im kaudalen Abschnitt der Leibeshöhle und kommen somit bei intraperitonealer Injektion nicht direkt in Kontakt mit den injizierten Bakterien) sowie im Parenchym der Nieren selbst konnten wir niemals makroskopisch erkennen. Gleichfalls fehlten bei den intraperitoneal infizierten Tieren stets tuberkulöse Herde in den Lungen. Von den zwei intrapulmonal geimpften Schildkröten zeigte lediglich die mit Pythontb. geimpfte ganz vereinzelt stecknadelkopfgroße Herde in der Lunge sowie daneben bis linsengroße Veränderungen der bereits vorher beschriebenen Art auf der Leber und auf den serösen Häuten der Leibeshöhle. Die zweite Schildkröte ließ makroskopisch keine Veränderungen erkennen, jedoch konnten histologisch miliare Tuberkel in Lungen und Leber nachgewiesen werden.

Bei den äußerlich sichtbaren Veränderungen auf der Leberkapsel handelte es sich *histologisch* um typische tuberkulöse Granulome. Größere Herde bestanden mitunter aus mehreren voneinander abgegrenzten Tuberkeln (Konglomerattuberkel) (Abb. 27). Daneben konnten häufiger auch gestielte Herde auf der Leberkapsel festgestellt werden. Der Aufbau dieser Serosentuberkel ließ an der Peripherie bei älteren Prozessen eine ein- bis zweischichtige bindegewebige Abgrenzung erkennen, der sich zum Zentrum hin ein Saum dunkelkerniger Zellen anschloß. Das Zentrum selbst wurde durch plasmareiche und zum Teil blasigkernige Zellen sowie durch stark pigmentierte Zellen, eosinophile Granulocyten und vereinzelt gelagerte Lymphocyten gebildet. Das Zentrum der Herde selbst zeigte sich stets stark aufgelockert. Neben diesen auf der Kapsel anzutreffenden tuberkulösen Herden fanden sich gleichartige, direkt unter der Leberkapsel gelagerte Herde, die ein infiltratives Wachstum im Verlauf des Interstitiums erkennen ließen (Abb. 28). In fast allen Fällen der mit Kaltblütertuberkulose infizierten Schildkröten konnten außerdem zahlreiche miliare und submiliare Herde im Leberparenchym festgestellt werden (Abb. 29). Die frühesten Veränderungen zeigten sich hier als Ansammlung chromatinreicher Zellkerne, die sich strahlenartig ins umgebende Lebergewebe fortsetzten, wobei es sich offensichtlich um eine Aktivierung der Kupfferschen Sternzellen in der Umgebung des Herdes handelt. Die in diesen Herden anzutreffenden Zellen erwiesen sich als sehr plasmaarm mit stark chromatinhaltigen Kernen. Die Form der Zellkerne war sehr unregelmäßig. Neben runden und ovalen wurden oftmals eckige Kernformen angetroffen. Nur ganz vereinzelt konnten in diesen Frühveränderungen Pigmentzellen und Granulocyten beobachtet werden. Nach vorgenommener Silberimprägnation der Schnitte zeigte sich stets im Bereich dieser dunkelkernigen, plasmaarmen Zellen eine engmaschige Gitterfaserneubildung (Abb. 30), so daß angenommen werden kann, daß es sich um eine retikuläre Zellreaktion handelt. Die etwas größeren miliaren Tuberkel im Leberparenchym lassen an der Peripherie eine Zone gleichartiger dunkelkerniger Zellen des offensichtlich aktivierten Reticulums erkennen. Das Zentrum der Herde erscheint dagegen stark aufgelockert (Abb. 31) und wird, wie bereits bei den Kapselherden beschrieben, von sehr plasmareichen, blasigkernigen Zellen gebildet. Daneben finden sich vereinzelt Pigmentzellen und eosinophile Granulocyten sowie einige Lymphocyten. Bei diesen Herden war eine Gitterfaserneubildung lediglich im Bereich der dunkelkernigen Randzone und nicht im aufgelockerten, blasigkernigen Zentrum nachweisbar. Offensichtlich verlieren die Reticulumzellen nach ihrer Umbildung zu epitheloidzellähnlichen Zellen hier bei der Tuberkulose der Schildkröten die Eigenschaft der Gitterfaserneubildung. In den noch größeren Herden wurde an der Peripherie häufig eine deutliche Ausbildung von tangential konzentrisch angeordneten Bindegewebszellen angetroffen, zwischen denen noch dunkelkernige, plasmaarme Zellen lagen. Das Zentrum dieser Herde ließ neben Epitheloidzellen noch in großer Zahl Zellen mit einem schwarzen Pigment erkennen (Abb. 32). Oftmals zeigte sich auch eine Konzentration solcher Pigmentzellen an der Peripherie der Tuberkel. Schließlich fanden sich in den Tuberkeln auch zahlreiche eosinophile Granulocyten. Riesenzellen mit randständigen Kernen konnten nur in einem Ausnahmefall im tuberkulösen Granulationsgewebe ermittelt werden. Kollagene Fasern und Gitterfasern konnten in den größeren Tuberkeln nur in der äußeren Randzone beobachtet werden.

Diese bisher beschriebenen rein proliferativen Veränderungen stellten den Hauptteil der tuberkulösen Veränderungen bei unseren Schildkrötenversuchen mit Kaltblütertuberkulose dar. Wichtig erscheint es noch, darauf hinzuweisen, daß der Nachweis von Tuberkulosebakterien in den histologischen Schnitten bei diesen Veränderungen, im Gegensatz zu den ebenfalls mit Kaltblütertuberkulose infizierten Fröschen, Axolotln und Eidechsen, nur sehr schwer möglich war. Nur in Einzelfällen konnten im Plasma der Epitheloidzellen einzelne säurefeste Stäbchen nachgewiesen werden. Eine Verkäsung größerer tuberkulöser Herde konnten wir nur in zwei Fällen unserer Versuche feststellen (Abb. 33). Hierbei erwies sich das gesamte Zentrum als homogen nekrotisch umgewandelt und ließ eine ringförmige Schichtung erkennen. In den nekrotischen Massen konnten noch schemenhaft Kernumrisse festgestellt werden. Am Übergang vom nekrotischen Zentrum zum Granulationsgewebe fanden sich dicht nebeneinander angeordnete plasmareiche Riesenzellen mit chromatinarmen Kernen, die in ihrer Struktur sowie in der wirtelstellungsmäßigen Anordnung sehr den bei der Geflügeltuberkulose zu beobachtenden Riesenzellen glichen. Zur Herdperipherie hin fand sich nur noch ein schmaler Saum von Granulationsgewebe, das seinerseits stark bindegewebig vom Parenchym abgegrenzt war. Auffällig war, daß in diesen Herden in den zentralnekrotischen Massen zahlreiche Nester von dicht gelagerten säurefesten Stäbchen zu ermitteln waren.

Offensichtlich bieten hier bei den Schildkröten erst die nekrotischen Gewebsmassen optimale Bedingungen zur Vermehrung der injizierten Ktb.-Bakterien.

Nur in einem Fall zeigte sich ein tuberkulöser Herd unter der Serosa der Milz. Weitere Veränderungen im Milzgewebe fehlten bei unseren Versuchstieren vollständig.

Die auf dem Mesenterium sowie auf dem Herzbeutel vorhandenen Serosentuberkel glichen völlig den Herden auf der Leberkapsel.

In den Nieren konnten nur in einem einzigen Fall kleine submiliare Herde von der bereits beschriebenen Struktur festgestellt werden. Ebenfalls nur bei einem intrapulmonal infizierten Tier zeigten sich submiliare Herde in den Lungen. Nach intraperitonealer Infektion wurden dagegen niemals tuberkulöse Veränderungen in den Lungen angetroffen.

2. *Nach Verimpfung von humanen, bovinen und aviären Tuberkulosebakterien sowie saprophytären und abgetöteten säurefesten Bakterien*

a) Fälle aus der Literatur

In der Tabelle 13 sind die aus der Literatur zu entnehmenden Versuche an Schildkröten mit humanen, bovinen und aviären Tuberkuloseerregern zusammengestellt. Überwiegend wurde menschliche Tuberkulose zur Verimpfung herangezogen. Nur ein Autor experimentierte auch mit bovinen und ein weiterer mit aviären Erregern. Die recht unterschiedliche Weise der Applikation, d. h. intramuskulär, subkutan und intraperitoneal, sowie die überhaupt fehlenden Angaben über die Infektionsart bei zwei der angeführten Autoren machen einen Vergleich der zusammengestellten Versuche unmöglich.

Tabelle 13

Experimentelle Tuberkulose bei Schildkröten nach Verimpfung von humanen, bovinen und aviären Tuberkulosebakterien sowie abgetöteten und saprophytären säurefesten Bakterien (Fälle aus der Literatur)

Autor	Tierart	Impfmat.	Appl.	Haltungstemp. (°C)	Versuchsdauer	Ergebnisse		
						Bakt.	Path.	Histol.
SION (1900)	Schildkröten	Tb. hum.	i. m.	—	200 Tage	pos.	neg.	neg.
ALLEGRI (1905)	Schildkröten	Tb. hum.	—	—	60 bis 300 Tage	pos.	pos.	—
GOTTSTEIN (1905)	Schildkröten	Tb. hum.	—	—	—	pos.	pos.	neg.
	Schildkröten	Tb. bov.	—	—	—	pos.	neg.	neg.
KÜSTER (1906)	Schildkröten	Tb. hum.	s. c.	—	162 Tage	pos.	neg.	pos.
	Schildkröten	Tb. gall.	s. c.	—	178 Tage	pos.	neg.	—
MORIYA (1908)	Schildkröten	Tb. hum.	i. p.	15–20	18–70 Tage	pos.	pos.	pos.
	Schildkröten	Tb. hum.	i. p.	kühl	—	pos.	neg.	neg.
MORIYA (1908)	Schildkröten	Tb. hum. abget.	i. p.	15—20	28–34 Tage	pos.	pos.	—
MORIYA (1908)	Schildkröten	Kartoffelbacillus	i. p.	37	2 Tage	—	pos.	—
	Schildkröten	Kartoffelbacillus	i. p.	20	35 Tage	pos.	neg.	—
	Schildkröten	Kartoffelbacillus	i. p.	20	65 Tage	neg.	neg.	—

Die Versuchsdauer variiert bei den einzelnen Autoren zwischen 18 und 300 Tagen. Angaben über die Temperatur, bei der die Versuchstiere gehalten wurden, macht nur MORIYA, der seine Schildkröten bei 25 °C hielt. Als einheitlicher Befund wird von allen Autoren der stets positive *bakteriologische* Nachweis der verimpften Bakterien angegeben.

Pathologisch-anatomisch stellte KÜSTER (1906) bei der Sektion der von ihm mit Typus humanus subkutan geimpften Schildkröten reichlich Flüssigkeitsansammlung in der Leibeshöhle fest. Daneben zeigten sich in der dunkelroten Leber kleine weiße Pünktchen. Bei einem Tier konnte in der Lunge ein Abszeß ermittelt werden, der in direktem Zusammenhang mit der Injektionsstelle im Bereich des Oberschenkels stand. Im Abszeßeiter dieses Herdes fanden sich jedoch keine säurefesten Stäbchen. ALLEGRI (1905) stellte bei seinen Versuchen hauptsächlich Veränderungen in der Leber fest. Die ausführlichsten Berichte gab MORIYA (1908). Er konnte bei seinen Versuchen ebenfalls beobachten, daß es in den ersten Tagen nach der Impfung mit Warmblütertuberkulose zu einer serösen Exsudation in der Leibeshöhle kam, wobei sich die Tuberkulosebakterien und die Leukocyten mit dem ausgeschiedenen Fibrin auf dem Peritoneum und den Bauchorganen festsetzten. Auf den Leberoberflächen bildeten sich auf diese Weise oft ausgedehnte Membranen. Die Fibrinmassen waren zunächst durchscheinend, gallertig und leicht abzuschaben. Später kam es zur Neubildung von Bindegewebsfibrillen, die eine Verwachsung des Peritoneums mit den Organen der Leibeshöhle zur Folge hatte. Eingestreut in diese Veränderungen fanden sich überall Knötchen, die zuerst oberflächlich gelagert waren, aber stets Neigung zeigten, in das darunter liegende Organ einzuwachsen. Die isoliert stehenden Knötchen wiesen meist eine kuglige Form auf und bildeten durch Verschmelzung dicht nebeneinander liegender Knötchen Konglomerate von unregelmäßiger Gestalt. Die Größe dieser Herde variierte zwischen Stecknadelkopf- und Erbsengröße. Ihre Oberfläche zeigte sich grauweiß und glatt, wobei die älteren Herde von derber Konsistenz waren. Die ebenfalls grauweiße Schnittfläche ließ oft kleine braune Flecken von lehmartiger Beschaffenheit erkennen, die als verkäste Zentren angesprochen wurden.

Interessant ist die von MORIYA gemachte Feststellung — die sich in unseren Versuchen bestätigte —, daß der tuberkulöse Prozeß nur die Organe angreift, die mit der Impfstelle in offener Kommunikation stehen, d. h. Leber, Darmrohr, Mesenterium, Bauchwandperitoneum, Blase, Lunge und subkutanes Gewebe in der Umgebung des Impfstiches. Außerdem weist er besonders darauf hin, daß die Leber der Schildkröten eine Prädilektionsstelle für die tuberkulösen Veränderungen darstellt, was ebenfalls durch unsere Versuche vollauf bestätigt wurde.

Histologisch konnte KÜSTER feststellen, daß sich in Leber, Nieren und gelegentlich in den Lungen Zellherde mit großen Kernen zeigten, offensichtlich Epitheloidzellen, die gegen die Umgebung nicht scharf abgegrenzt waren. Die Veränderungen in der Leber und in den Nieren lagen stets in den äußeren oberflächlichen Organpartien. Säurefeste Stäbchen konnten in den Herden nur ganz vereinzelt gefunden werden, und es fehlten stets die Bakterienanhäufungen, wie sie bei gleichartigen Versuchen mit Froschtuberkulose an Schildkröten beobachtet wurden. MORIYA fand, daß um das nekrotische Zentrum der Tuberkel herum dicht geschichtet Epitheloidzellen und Riesenzellen anzutreffen waren. Daneben fanden sich gelegentlich auch Leukocyten. Eosinophile Leukocyten wurden nur bei einer Schildkröte beobachtet. Zwischen den herdförmigen Zellanhäufungen fanden sich feine, bündelweise, oft netzförmig angeordnete Bindegewebsfasern. Außerhalb der Herde ordneten sich zirkulär stärkere Faserzüge an, wodurch es zur Abkapselung der Herde kam. Ein Erweichen oder Zerfließen der Knötchen wurde von ihm nie beobachtet.

Zum Abschluß dieser Ausführungen erscheint es uns angebracht, die von MORIYA aus seinen Versuchen gezogene Schlußfolgerung zu zitieren. Er schreibt: „Die Empfänglichkeit der Versuchstiere menschlichen Tuberkulosebazillen gegenüber scheint hauptsächlich von folgenden Umständen abhängig zu sein:

1. Individuelle Verschiedenheit der einzelnen Schildkröten gegenüber einer Infektion,
2. Temperatur, bei welcher die Tiere gehalten wurden (höhere Temperaturen führen leichter zu einem positiven Ergebnis),
3. Menge der verimpften Tuberkulosebakterien (eine geringe Anzahl von Tuberkulosebakterien ist unfähig, auf den Kaltblüterorganismus krankmachend zu wirken)."

Ergänzend wäre noch kurz auf die in der Tabelle 13 als Anhang aufgeführten Versuche an Schildkröten mit abgetöteten humanen Tuberkulosebakterien und mit saprophytären säurefesten Stäbchen einzugehen. Auch in diesem Fall erscheint es angezeigt, die von MORIYA gemachten Aufzeichnungen direkt wiederzugeben. MORIYA schreibt:

„Eine 4 Stunden bei 80 °C erhitzte, kulturell und tierexperimentell sich steril erwiesene Aufschwemmung der Tuberkelbazillen wurde 2 Schildkröten in die Bauchhöhle eingeführt. Die eine, nach 28 Tagen getötet, zeigte tuberkulöse Veränderungen subkutan an der Impfstelle. Bei der anderen nach 34 Tagen sezierten fanden sich in der lose mit der Bauchwand verwachsenen Leber einige miliare und linsengroße Tuberkel. Histologisch waren diese Tuberkel genauso gebaut wie bei den mit lebenden Bazillen geimpften Tieren; die gefundenen Bazillen lassen sich auch ziemlich gut färben. Die Intensität der Läsion ist aber bei Anwendung von toten Bazillen viel schwächer.

Zwei weiteren Schildkröten wurde eine Aufschwemmung des Kartoffelbazillus intraperitoneal injiziert. Die Versuchstiere wurden bei Blutwärme gehalten. Beide waren nach 2 Tagen infolge einer exsudativen Peritonitis verendet. Bei Zimmertemperatur dagegen hatte eine andere Schildkröte 35 Tage lang lebensfähige Kartoffelbazillen in der Bauchhöhle beherbergt; bei einem vierten Versuchstier waren die verimpften Heubazillen nach 65 Tagen völlig verschwunden. Pathologisch-anatomisch haben die beiden letzteren Tiere nichts Auffälliges gezeigt."

b) Eigene Versuche

Die von uns mit Warmblütertuberkulose durchgeführten Versuche wurden an Landschildkröten (Testudo graeca und Testudo hermanni) vorgenommen (Tab. 14). Als Impfmaterial dienten Tb. hum., Tb. bov. und Tb. aviär. Die Impfung wurde sowohl intrapulmonal als auch intraperitoneal in der gleichen Weise wie bei den Versuchen mit Kaltblütertuberkulose bei Schildkröten ausgeführt.

Neben den in der Tabelle 14 aufgeführten Versuchen wurden zur Testung der Reaktion der Schildkröten auf passagierte bovine Erreger noch weitere Versuche durchgeführt. Die als Tabelle 15a gegebene schematische Zusammenstellung dieser Versuche soll zeigen, daß, ausgehend von einer mit bovinen Tuberkulosebakterien infizierten Schildkröte, eine fünfmalige Passage der Erreger im Schildkrötenorganismus erfolgte, wobei zwischen die einzelnen Passagen eine kulturelle Züchtung eingeschaltet werden mußte, um eine ausreichende Bakterienzahl zur Infektion der folgenden Schildkröten zur Verfügung zu haben. Die gleichfalls vorgenom-

Tabelle 14

Experimentelle Tuberkulose bei Schildkröten nach Verimpfung von humanen, bovinen und aviären Tuberkulosebakterien (eigene Untersuchungen)

Lfd. Nr.	Tierart	Impfmat.	Appl.	Haltungstemp. (°C)	gest. + get. –	Versuchsdauer	Ergebnisse		
							Bakt.	Path.	Histol.
1.	Schildkröte	Tb. hum.	i. p.	25—30	+	28 Tage	pos.	neg.	pos.
2.	Schildkröte	Tb. hum.	i. p.	25—30	–	56 Tage	pos.	neg.	pos.
3.	Schildkröte	Tb. hum.	i. p.	25—30	+	92 Tage	pos.	pos.	pos.
4.	Schildkröte	Tb. hum.	i. p.	25—30	–	184 Tage	pos.	pos.	pos.
5.	Schildkröte	Tb. hum.	i. p.	25—30	–	365 Tage	pos.	pos.	pos.
1.	Schildkröte	Tb. bov.	intrapulm.	25—30	–	21 Tage	neg.	neg.	neg.
2.	Schildkröte	Tb. bov.	intrapulm.	25—30	–	49 Tage	pos.	neg.	pos.
3.	Schildkröte	Tb. bov.	intrapulm.	25—30	–	91 Tage	pos.	neg.	neg.
4.	Schildkröte	Tb. bov.	intrapulm.	25—30	–	91 Tage	neg.	neg.	neg.
5.	Schildkröte	Tb. bov.	intrapulm.	25—30	–	133 Tage	pos.	neg.	pos.
6.	Schildkröte	Tb. bov.	intrapulm.	25—30	–	140 Tage	neg.	neg.	neg.
7.	Schildkröte	Tb. bov.	i. p.	25—30	+	7 Tage	pos.	neg.	neg.
8.	Schildkröte	Tb. bov.	i. p.	25—30	–	14 Tage	pos.	neg.	pos.
9.	Schildkröte	Tb. bov.	i. p.	25—30	+	14 Tage	pos.	pos.	pos.
10.	Schildkröte	Tb. bov.	i. p.	25—30	+	28 Tage	pos.	pos.	pos.
11.	Schildkröte	Tb. bov.	i. p.	25—30	–	31 Tage	pos.	neg.	pos.
12.	Schildkröte	Tb. bov.	i. p.	25—30	–	56 Tage	pos.	pos.	pos.
13.	Schildkröte	Tb. bov.	i. p.	25—30	–	84 Tage	pos.	pos.	pos.
14.	Schildkröte	Tb. bov.	i. p.	25—30	–	84 Tage	pos.	pos.	pos.
15.	Schildkröte	Tb. bov.	i. p.	25—30	–	137 Tage	pos.	pos.	pos.
16.	Schildkröte	Tb. bov.	i. p.	25—30	–	140 Tage	pos.	pos.	pos.
17.	Schildkröte	Tb. bov.	i. p.	25—30	–	182 Tage	pos.	pos.	pos.
18.	Schildkröte	Tb. bov.	i. p.	25—30	–	365 Tage	pos.	pos.	pos.
1.	Schildkröte	Tb. gall.	intrapulm.	25—30	–	126 Tage	neg.	neg.	neg.
2.	Schildkröte	Tb. gall.	intrapulm.	25—30	–	140 Tage	pos.	neg.	neg.
3.	Schildkröte	Tb. gall.	i. p.	25—30	–	56 Tage	pos.	pos.	pos.
4.	Schildkröte	Tb. gall.	i. p.	25—30	+	105 Tage	pos.	pos.	pos.
5.	Schildkröte	Tb. gall.	i. p.	25—30	–	182 Tage	pos.	pos.	pos.
6.	Schildkröte	Tb. gall.	i. p.	25—30	–	242 Tage	pos.	neg.	pos.
7.	Schildkröte	Tb. gall.	i. p.	25—30	–	365 Tage	pos.	pos.	pos.

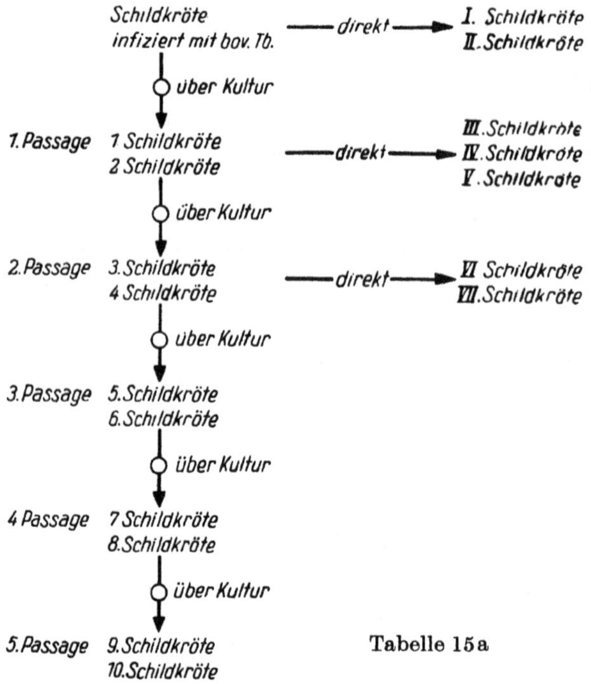

Tabelle 15a

mene direkte Übertragung wurde mit tuberkulösem Organextrakt intraperitoneal, in der gleichen Weise wie vorher beschrieben, vorgenommen. Diese direkte Übertragung wurde nur vom Ausgangsmaterial und von der ersten und zweiten Passage vorgenommen, da sich zeigte, daß derartige Versuche ohne Erfolg verliefen.

Die Ergebnisse der in der Tabelle 14 aufgeführten Versuche und die der Passage (Tab. 15a u. b) möchten wir getrennt besprechen.

Vorausschickend sei noch erwähnt, daß ein spontanes Verenden der Tiere infolge der Wtb.-Infektion niemals beobachtet werden konnte. Bei den in unseren Versuchsreihen verendeten vier Tieren wurden zwar auch tuberkulöse Veränderungen ermittelt, jedoch mußten bei ihnen als direkte Todesursache Haltungsmängel bzw. hochgradiger Parasitenbefall angesprochen werden.

Tabelle 15 b

Passage boviner Tuberkulose nach kultureller Züchtung

Passage	Lfd. Nr.	Tierart	Appl.	Haltungs-temp. (°C)	gest. + get. —	Versuchs-dauer	Ergebnisse		
							Bakt.	Path.	Histol.
1	1.	Schildkröte	i. p.	25—30	—	42 Tage	pos.	pos.	pos.
	2.	Schildkröte	i. p.	25—30	—	105 Tage	pos.	pos.	pos.
2	3.	Schildkröte	i. p.	25—30	—	49 Tage	pos.	pos.	pos.
	4.	Schildkröte	i. p.	25—30	—	70 Tage	pos.	pos.	pos.
3	5.	Schildkröte	i. p.	25—30	—	42 Tage	pos.	pos.	pos.
	6.	Schildkröte	i. p.	25—30	—	210 Tage	pos.	pos.	pos.
4	7.	Schildkröte	i. p.	25—30	—	70 Tage	pos.	pos.	pos.
	8.	Schildkröte	i. p.	25—30	—	112 Tage	pos.	pos.	pos.
5	9.	Schildkröte	i. p.	25—30	—	75 Tage	pos.	pos.	pos.
	10.	Schildkröte	i. p.	25—30	—	150 Tage	pos.	pos.	pos.

Passage boviner Tuberkulose durch direkte Organmaterialüberimpfung

Passage	Lfd. Nr.	Tierart	Appl.	Haltungs-temp. (°C)	gest. + get. —	Versuchs-dauer	Ergebnisse		
							Bakt.	Path.	Histol.
1	I.	Schildkröte	i. p.	25—30	—	42 Tage	pos.	neg.	neg.
	II.	Schildkröte	i. p.	25—30	—	42 Tage	neg.	neg.	neg.
2	III.	Schildkröte	i. p.	25—30	—	56 Tage	neg.	neg.	neg.
	IV.	Schildkröte	i. p.	25—30	—	42 Tage	neg.	neg.	neg.
	V.	Schildkröte	i. p.	25—30	—	120 Tage	pos.	neg.	neg.
3	VI.	Schildkröte	i. p.	25—30	—	90 Tage	pos.	neg.	neg.
	VII.	Schildkröte	i. p.	25—30	—	147 Tage	neg.	neg.	neg.

Als Ergebnis der Verimpfung von Wtb.-Bakterien bei Schildkröten muß zunächst herausgestellt werden, daß in allen Fällen der intraperitonealen Infektion der *bakteriologische Nachweis* der verimpften Bakterien nach Abschluß des Versuchs möglich war. Demgegenüber konnten nach intrapulmonaler Applikation in drei Versuchsfällen der mit Tb. bov. und in einem Fall der mit Tb. aviär geimpften Tiere keine Bakterien nach Abschluß des Versuchs ermittelt werden.

Pathologisch-anatomisch konnten nach Verimpfung der drei verschiedenen Erregertypen stets gleichartige Veränderungen beobachtet werden, die lediglich in ihrer Ausdehnung nach der unterschiedlichen Versuchsdauer variierten, so daß sie hier gemeinsam beschrieben werden können. Bei zwei der mit humanen Bakterien geimpften Versuchstiere, die 28 bzw. 56 Tage gehalten wurden, konnten trotz positiven Bakteriennachweises und positiver histologischer Befunde makroskopisch keine Veränderungen ermittelt werden. Gleichartige negative Befunde zeigten die intraperitoneal mit bovinen Bakterien geimpften Schildkröten, die 7, 14 bzw. 31 Tage gehalten wurden. Bei den intrapulmonal geimpften Tieren konnten wir makroskopisch niemals Veränderungen beobachten. Erstmalig konnten mit bloßem Auge beim Tb. hum. nach 92 Tagen, beim Tb. bov. nach 14—28 Tagen und beim Tb. gall. nach 56 Tagen Veränderungen festgestellt werden.

Entsprechend den Befunden nach Verimpfung von Ktb.-Bakterien bei Schildkröten zeigten sich auch hier in erster Linie auf der Leberkapsel linsen- bis erbsengroße, grauweiße, derbe Knötchen (Abb. 34). Neben solchen scharf abgegrenzten Serosentuberkeln wurden, gleichartig wie bei den mit Kaltblütertuberkulose geimpften Tieren, auch flächenförmige tuberkulöse Granulationen beobachtet.

Nach sechswöchiger und längerer Versuchsdauer konnten auch im Parenchym der Leber vereinzelt grauweiße linsengroße, derbe Knötchen ermittelt werden. Außer auf der Leberkapsel fanden sich auch auf der parietalen Serosa der Leibeshöhle, dem Mesenterium, der Milzkapsel und der Darmserosa gleichartige knötchenförmige Neubildungen. Die Nieren ließen jedoch in keinem Fall derartige Veränderungen erkennen, da sie, wie schon vorher erwähnt, nicht in offener Kommunikation mit der Leibeshöhle stehen. Dagegen fanden sich in zahlreichen Fällen Knötchen und herdförmige grauweiße, derbe Granulationen auf dem Herzbeutel und auf dem Epikard. Nur in Einzelfällen konnten kleine Knötchen auf dem ventralen serösen Überzug der Lungen festgestellt werden. Im Lungenparenchym selbst zeigten sich makroskopisch weder nach intraperitonealer noch nach intrapulmonaler Injektion tuberkulöse Herde.

Die *histologische* Untersuchung der hier beschriebenen tuberkulösen Veränderungen zeigte eine weitgehende Übereinstimmung mit den Befunden bei experimenteller Kaltblütertuberkulose bei Schildkröten. Daneben wurden bei dieser Versuchsreihe, im Gegensatz zu den vorgenannten Versuchen, weit öfter nekrotisierende Vorgänge in den Tuberkeln beobachtet. Die auf den serösen Häuten besonders auf der Leberkapsel anzutreffenden Granulome ließen eine gewisse Ähnlichkeit mit den bei Säugern zu beobachtenden Serosentuberkeln erkennen. Der zellige Aufbau dieser Herde sowie der in Einzelfällen anzutreffenden Parenchymherde glich vollständig dem Aufbau der Tuberkel nach Verimpfung von Kaltblütertuberkulose bei Schildkröten. Es soll deshalb auf eine Wiederholung der Beschreibung hier verzichtet werden. Wichtig erscheint es jedoch, die nekrotischen Veränderungen ausführlicher zu beschreiben. Die Nekrose nahm stets von den zentralen Bezirken der tuberkulösen Granulome ihren Ausgang. Oftmals zeigte sich in den größeren Konglomerattuberkeln nur ein blasigkerniger Bezirk nekrotisch umgewandelt (Abb. 35). Gleichartig wie bei den vorausgegangenen Untersuchungen konnte nach Silberimprägnation nach Gomori nur in Bereich der dunkelkernigen Zellen ein engmaschiges Gitterfasernetz beobachtet werden. In den nekrotischen sowie den nur aus Epitheloidzellen bestehenden Gewebspartien ließen sich weder praeexistierende noch neugebildete Gitterfasern nachweisen. Die nekrotischen Gewebsmassen waren meist homogen, stark eosinophil und ließen oft Kerntrümmeranhäufungen erkennen. Sie waren in allen Fällen palisadenförmig von einem Saum von Riesenzellen umgeben. Peripher zu den Riesenzellen fand sich eine mehrschichtige Bindegewebskapsel, die mehr oder weniger stark von Lymphocyten durchsetzt war. Die zu beobachtenden Riesenzellen glichen weitgehend den bei der Tuberkulose der Vögel auftretenden Riesenzellen. Sie waren sehr protoplasmareich und enthielten meist vier bis sechs chromatinarme Kerne (Abb. 36).

Die Form der in Wirtelstellung angeordneten Riesenzellen war stets länglich, wobei das der Nekrose zugewandte Plasma deutliche Auflösungserscheinungen erkennen ließ. Die zur Peripherie weisenden Riesenzellgrenzen waren dagegen stets scharf konturiert. Neben derartigen Riesenzellen konnten wir in nicht nekrotischen, tuberkulösen Granulomen vereinzelt auch Riesenzellen vom Langhansschen Typ beobachten (Abb. 37). Die Kerne dieser Riesenzellen waren stets sehr chromatinreich.

Wie auch nach der Verimpfung von Kaltblütertuberkulose konnten, durch die angewandte Injektionstechnik bedingt, gelegentlich auf dem Epikard tuberkulöse Granulome ermittelt werden. In einem Fall fanden sich sogar in der Herzmuskulatur typische tuberkulöse Granulome von gleicher Art, wie bereits beschrieben. Es sei noch erwähnt, daß bei einem der intrapulmonal infizierten Tiere histologisch in den Alveolarwandungen typische herdförmige Tuberkulome festgestellt wurden.

Generell für alle bei den Schildkröten zu beobachtenden tuberkulösen Veränderungen kann gesagt werden, daß es niemals zu einer Fettinfiltration kommt.

Zu den in den Tabellen 15a und b zusammengestellten Passageversuchen sei noch gesagt, daß die Impfung in gleicher Weise mit gleicher Dosis erfolgte wie bei den vorher beschriebenen Versuchen. Es zeigte sich, daß in allen Fällen der Übertragung nach vorausgegangener kultureller Züchtung positive Ergebnisse sowohl bakteriologisch als auch pathologisch-anatomisch und histologisch erzielt werden konnten. Eine Virulenzsteigerung konnte auch nach fünfmaliger Passage nicht beobachtet werden. Es schien dagegen eher so, daß die Veränderungen bei den Schildkröten nach fünfmaliger Passage geringgradiger waren als die nach unmittelbarer Verimpfung von bovinen Bakterien. Im Gegensatz zu diesen positiven Befunden konnten nach direkter Übertragung von tuberkulösem Organmaterial aus Schildkröten bei keiner der hiermit geimpften Schildkröten tuberkulöse Veränderungen beobachtet werden. Nur bei drei Tieren ließen sich nach Versuchsabschluß noch vereinzelt säurefeste Stäbchen nachweisen, die jedoch keine Veränderungen hervorgerufen hatten.

Die bei diesen Passageversuchen aufgetretenen Veränderungen entsprachen makroskopisch und histologisch ganz den vorher beschriebenen, so daß eine gesonderte Besprechung überflüssig erscheint. Auf Grund unserer Ergebnisse möchten wir annehmen, daß die verwendete Keimzahl bei der Übertragung von ausschlaggebender Bedeutung zu sein scheint, da bei der direkten Übertragung von Organmaterial wahrscheinlich zuwenig Bakterien übertragen wurden und dadurch niemals ein positives Ergebnis erzielt werden konnte.

III. Zusammenfassender Überblick über die spontane und experimentelle Tuberkulose der Schildkröten

Spontantuberkulose bei Schildkröten ist bisher nur sehr selten beobachtet worden. Nach Untersuchungen von Friedmann (1903, A u. C) standen in den von ihm bearbeiteten Fällen die Lungenveränderungen im Vordergrund. Es läßt sich aber nur schwer erkennen, inwieweit die Lungenveränderungen durch die Tuberkulose oder die gleichzeitig vorhandene Aktinomykose verursacht worden waren. Neben kleinen, knötchenförmigen Tuberkeln wurden große Herde festgestellt, die mit einer bröckligen, käsigen, meist schmierigen Masse ausgefüllt waren. Histologisch bestand das Granulationsgewebe aus großen sternförmigen oder runden Zellen, die einen bläschenförmigen Kern enthielten. Neben diesen Epitheloidzellen fanden sich massenhaft Wanderzellen sowie granulierte Leukocyten. Die submiliaren Herde zeigten meist eine kreisrunde Form und waren zentral bereits weitgehend verkäst. Um die Verkäsungen herum war ein mehrschichtiger Ring dunkelkerniger Rundzellen gelagert, der wiederum von fibrösem Gewebe umgeben war. Häufig wurden im Granulationsgewebe zahlreiche Riesenzellen vom Langhansschen Typ festgestellt. In den tuberkulösen Veränderungen wurden stets große Mengen säurefester Stäbchen ermittelt.

Die bei Schildkröten durchgeführten experimentellen Versuche mit *Kaltblütertuberkulose* nach subkutaner, intraperitonealer und intrapulmonaler Applikation führten nach 49 Tagen und längerer Versuchsdauer stets zu tuberkulösen Veränderungen. In erster Linie kam es dabei zur Ausbildung einer Serosentuberkulose. Die stärksten Veränderungen zeigten sich immer auf der Leberkapsel. Daneben fanden sich aber auch stets submiliare und miliare Tuberkel im Leberparenchym sowie in Einzelfällen im Parenchym der Lunge und der Milz. Histologisch konnte in den schon vorher erwähnten Serosentuberkeln des öfteren eine zentral gelegene Nekrose des Gewebes festgestellt werden. Die nicht nekrotischen Tuberkel wiesen ein aus Epitheloidzellen bestehendes Granulationsgewebe auf, das von einem Saum dunkelkerniger Zellen umgeben war und zur Peripherie hin häufig eine bindegewebige Abgrenzung erkennen ließ. Zur Ausbildung von Gitterfasern kam es nur im Bereich der dunkelkernigen Zellen. Die in Einzelfällen zu beobachtenden größeren Nekrosen in den Tuberkeln ließen eine konzentrische Schichtung der stark eosingefärbten nekrotischen Massen erkennen. Um die Nekrosen herum fand sich ein Saum von chromatinarmen, sehr plasmareichen Riesenzellen, die in ihrer Art denen, die bei der Geflügeltuberkulose zu beobachten sind, glichen. Riesenzellen vom Langhansschen Typ wurden nur ganz vereinzelt angetroffen. Wie bei den Spontantuberkulosefällen konnten in den nekrotischen Massen der mit Kaltblütertuberkulose geimpften Schildkröten sehr zahlreich säurefeste Stäbchen festgestellt werden.

Die in der Literatur angeführte Verimpfung von *Warmblütertuberkulose*-Erregern führte zu unterschiedlichen Ergebnissen, wofür das individuell verschiedene Verhalten der einzelnen Schildkröten bei einer Tuberkuloseinfektion sowie die unterschiedliche Haltungstemperatur und die variierende Menge der verimpften Tb.-Bakterien weitgehend ausschlaggebend sein werden. In eigenen Versuchen konnten tuberkulöse Veränderungen nach intraperitonealer Verimpfung sowohl durch humane als auch durch bovine und aviäre Erreger bei Schildkröten, die bei 25—30 °C gehalten wurden, hervorgerufen werden. Bei einer intrapulmonalen Applikation der gleichen Erreger konnten dagegen keine tuberkulösen Veränderungen festgestellt werden. Entsprechend den Befunden nach Verimpfung von Ktb.-Bakterien zeigten sich auch nach Infektionen mit Warmblütertuberkulose in erster Linie bis erbsengroße Knötchen auf den serösen Häuten der Leibeshöhle, hierbei besonders wiederum auf der Leberkapsel. Gelegentlich wurden bei länger im Versuch stehenden Schildkröten auch flächenförmige, diffuse tuberkulöse Neubildungen auf der Leberkapsel beobachtet. Durch Verletzung des Herzbeutels beim Impfen traten daneben öfters tuberkulöse Herde, von gleicher Art wie vorher beschrieben, auf dem Epikard auf. Die histologische Untersuchung der durch Warmblütertuberkulose hervorgerufenen Veränderungen zeigte eine weitgehende Übereinstimmung mit den Befunden nach Verimpfung von Ktb.-Bakterien. Der wesentliche Unterschied bestand vielleicht darin, daß es bei der Warmblütertuberkulose häufiger als bei der Kaltblütertuberkulose zur Nekrose im Zentrum der Tuberkel kam. In den nekrotischen Massen konnten wiederum sehr zahlreich säurefeste Stäbchen festgestellt werden. Auch in diesen durch Warmblütertuberkulose bedingten Tuberkeln traten an der Peripherie palisadenförmig aneinandergelagerte Riesenzellen auf, die den Riesenzellen der Geflügeltuberkulose völlig glichen. Nur gelegentlich fanden sich in den nicht nekrotischen Partien Riesenzellen vom Langhansschen Typ. Tuberkulöse Veränderungen im Parenchym der Leber und in dem der anderen Organe konnten nach Verimpfung von Warmblütertuberkulose nur in ganz vereinzelten Fällen ermittelt werden. Die von uns im Rahmen dieser Versuche durchgeführte Passage boviner Tuberkulosebakterien in Schildkröten ließ keine Virulenzsteigerung erkennen. Die auftretenden tuberkulösen Veränderungen unterschieden sich selbst nach der fünften Passage nicht von denen, die nach direkter Verimpfung von bovinen Bakterien bei Schildkröten ermittelt werden konnten. Eine unmittelbare Übertragung von Organmaterial tuberkulös erkrankter Schildkröten, die mit bovinen Erregern geimpft worden waren, führte in keinem Fall zur Ausbildung tuberkulöser Veränderungen. Offensichtlich war die übertragene Keimzahl bei diesen Versuchen zu gering.

C. Die Tuberkulose der Eidechsen und Krokodile

I. Die spontane Tuberkulose der Eidechsen und Krokodile

Ein von Bertarelli und Bocchia (1910) vorliegender Bericht über eine Spontantuberkulose bei einer Eidechse (Lacerta varidis) erweist sich als recht unvollständig und kann nur bedingt als Spontantuberkulose angesprochen werden, da in diesem Fall kein kultureller Bakteriennachweis gelang. Die angetroffenen Veränderungen beschränkten sich auf die Leber. Einen weiteren Spontantuberkulosefall erwähnt Scott (1930) in seiner Zusammenstellung, und zwar bei einem Leguan (Ctenosaura multispinis), bei dem „hinter der Lunge" ein Herd beobachtet wurde. In der gleichen Zusammenstellung von Scott (1930) finden sich weitere Angaben über zwei Spontantuberkulosen bei Kaimanen (Caiman sclerops). In beiden Fällen erwiesen sich fast alle Organe als tuberkulös verändert. Lunge, Pleura, Epiglottis, Leber, Milz, Nieren, Pankreas, Hoden und Ileum zeigten typische Tuberkel. Ähnlich sind auch die von Griffith (1928, A) bei vier Kaimanen (Caiman sclerops) erhobenen Befunde. In allen vier Fällen fanden sich neben ausgedehnten Lungenveränderungen Herde in Milz, Leber, Niere, Pankreas und Testis sowie auf der Epiglottis.

Eine *makroskopische Beschreibung* der Veränderungen bei der Lacerta viridis fehlt. Es wird lediglich von Knötchen in der Leber gesprochen. Bei dem Leguan erwies sich der hinter der Lunge liegende tuberkulöse Herd von Walnußgröße als vollständig verkäst. Die bei den Kaimanen angetroffenen Veränderungen waren alle gleichartig von miliarer bzw. Hanfkorngröße. Sie zeigten sich von grauweißer Farbe und waren scharf von der Umgebung abgesetzt. Lediglich in Leber und Milz ließen einzelne Herde eine unscharfe Begrenzung erkennen. Die größeren Tuberkel erwiesen sich meist als verkäst.

Histologisch zeigt sich der Herd in der Leber der Lacerta viridis als „granulöse Entartung mit einigen Riesenzellen". Histologische Angaben über die Veränderung beim Leguan fehlen. Leider geben weder Scott noch Griffith histologische Beschreibungen über die zahlreichen makroskopisch festgestellten Veränderungen bei den insgesamt sechs Kaimanen, so daß auch diese für Vergleiche nicht herangezogen werden können.

Diesen der Literatur entnommenen Fällen möchten wir noch einen weiteren spontanen Tuberkulosefall bei einem Kaiman hinzufügen, der von Zwart in Utrecht (1959) beobachtet wurde. Auf der uns freundlicherweise überlassenen Photographie erweisen sich Leber, Lungen, Milz und Nieren durchsetzt von unzähligen miliaren und etwas größeren Herdchen. Das Bild erinnert damit schon stark an die generalisierte Miliartuberkulose des Geflügels (Abb. 38). Die bakteriologische Untersuchung ließ sehr reichlich säurefeste Bakterien erkennen, die sich nach kultureller Züchtung bei Wiederverimpfung auf Kaltblüter als hochpathogen erwiesen. Leider konnten wir kein Material für die histologische Untersuchung bekommen.

II. Die experimentelle Tuberkulose der Eidechsen und Krokodile

1. *Nach Verimpfung von Kaltblütertuberkulosebakterien*

a) Fälle aus der Literatur

In der Tabelle 16 sind die uns aus der Literatur bekannt gewordenen Versuche an Eidechsen zusammengestellt. Als Versuchstiere wurden in erster Linie Eidechsen (Laserta viridis und Lacerta agilis) verwendet. Daneben wurden in Einzelfällen Blindschleichen (Anguis fragilis)

Tabelle 16
Experimentelle Tuberkulose bei Eidechsen nach Verimpfung von Ktb.-Bakterien
(Fälle aus der Literatur)

Autor	Tierart	Impfmat.	Appl.	Haltungstemp. (°C)	Versuchsdauer	Ergebnisse Bakt.	Path.	Histol.
Bataillon u. Terre (1897)	Eidechsen	M. piscium	i. p.	15	8 bis 30 Tage	pos.	pos.	—
	Eidechsen	M. piscium	i. p.	36	8 bis 30 Tage	pos.	—	—
Freymuth (1901)	Eidechsen	M. piscium	i. p.	—	10 Tage	pos.	pos.	—
Friedmann (1903, B)	Blindschleiche	Schildkr.-Tb. Organmat.	i. p.	—	21 bis 56 Tage	pos.	pos.	pos.
	Eidechsen	Schildkr.-Tb. Organmat.	s. c.	—	24 Tage	pos.	pos.	pos.
	Eidechsen	Schildkr.-Tb. Organmat.	i. p.	—	24 Tage	pos.	pos.	pos.
	Eidechsen	Schildkr.-Tb. Kultur	i. p.	—	10 Tage	pos.	pos.	pos.
Küster (1906)	Eidechsen	Froschtb.	i. p.	20–22	6 bis 40 Tage	pos.	pos.	pos.
	Eidechsen	Froschtb.	per os	20–22	419 Tage	neg.	neg.	neg.
	Eidechsen	Froschtb.	i. m.	20–22	236 Tage	neg.	neg.	neg.
Aronson (1929)	Chamäleon	Schlangentb.	i. p.	—	3-5 Tage	pos.	-	—
	Eidechsen	Schlangentb.	i. p.	—	4-7 Tage	pos.	pos.	—

und ein Chamäleon (Chamaeleon vulgaris) herangezogen. Die von den verschiedenen Untersuchern verwendeten Erreger waren recht unterschiedlich. Bataillon und Terre sowie Freymuth experimentierten mit dem Mycobacterium piscium, Friedmann hingegen verwendete Organmaterial aus spontaner Schildkrötentuberkulose bzw. Bakterienaufschwemmungen von Kulturen aus spontaner Schildkrötentuberkulose. Bei den Versuchen von Küster wurden Froschtuberkulose für die Experimente herangezogen, und Aronson verimpfte Keime aus spontaner Schlangentuberkulose. Die Applikation der Erreger erfolgte bei den meisten Autoren intraperitoneal, nur in Einzelfällen wurde subkutan und intramuskulär injiziert. In einem Fall nahm Küster eine per-os-Verabreichung vor. Die Versuchsdauer variierte in weitesten Grenzen (8—412 Tage), so daß die aus den Versuchen resultierenden Ergebnisse wiederum nur schwer miteinander vergleichbar sind. Angaben über die Haltungstemperaturen werden von Bataillon und Terre sowie Küster gemacht. Erstere experimentierten bei einer Gruppe mit 15 °C Raumtemperatur und hielten eine zweite Gruppe im Brutschrank bei 36 °C. Küster hielt die von ihm verwendeten Versuchstiere bei 20—22 °C.

Als Ergebnis der Versuche kann festgestellt werden, daß in fast allen Fällen der *bakteriologische* Nachweis der Erreger nach Abschluß des Versuchs möglich war. Lediglich bei den von Küster mit Froschtuberkulose per os und intramuskulär vorgenommenen Experimenten wurden völlig negative Befunde erhoben.

Die Beschreibungen der *makroskopisch* sichtbaren Veränderungen sind, genau wie die histologischen Befunde, nur unzureichend. Freymuth z. B. gibt an, daß nach zehn Tagen bei intraperitonealer Verimpfung ein sehr leukocytenreiches Exsudat bei Eidechsen in der Leibeshöhle festgestellt wurde. Den Berichten von Friedmann ist zu entnehmen, daß bei Blindschleichen besonders auf dem Peritoneum massenhaft miliare und submiliare käsige Knötchen beobachtet wurden. Größere gelbe, oberflächlich gelagerte Knoten fanden sich auch in Leber und Milz. In mehreren Fällen zeigten sich auch käsige Knötchen in den Lungen. Genau wie bei den Blindschleichen wurden auch bei den Eidechsen nach Verimpfung von Schildkrötentuberkulosebakterien submiliare bis miliare Herde auf dem Peritoneum und Lungenknötchen beobachtet. Den Untersuchungen von KÜSTER an Eidechsen ist zu entnehmen, daß die Leibeshöhle bei der Sektion häufig ein serofibrinöses Exsudat enthielt und daß die Organe der Leibeshöhle mit mehreren millimeterdicken Schwarten bedeckt waren. In den Organen konnten keine herdförmigen Veränderungen wie bei den gleichzeitig infizierten Fröschen beobachtet werden, es kam vielmehr zu einem frühzeitigen Einsetzen degenerativer Prozesse, die sich in Form von ausgedehnten grauen Bezirken bemerkbar machten. Die Lungen fand er in weit größerem Maße als bei den Fröschen miterkrankt. ARONSON konnte bei der Sektion der Versuchseidechsen zahlreiche kleine grauweiße Granulome auf den serösen Häuten der Leibeshöhle und entlang der Wirbelsäule beobachten.

Die durchgeführten *histologischen* Untersuchungen waren in erster Linie auf die Ermittlung von Tuberkulosebakterien ausgerichtet, so daß über die zelligen Reaktionen kaum Beschreibungen vorliegen. KÜSTER weist lediglich darauf hin, daß er nie Abkapselungsvorgänge an den Herden feststellen konnte, und ARONSON führt an, daß die von ihm beobachteten tuberkulösen Herde aus zahlreichen degenerierten Zellen bestanden, die mit großen Bakterienmassen angefüllt waren. Auch von den übrigen Untersuchern wird das massenhafte Auftreten von Bakterien in den Veränderungen besonders hervorgehoben.

b) Eigene Untersuchungen

Die von uns selbst durchgeführten Infektionen mit Kaltblütertuberkulose an Eidechsen (Lacerta viridis) sind in der Tabelle 17 zusammengefaßt. Als Impfmaterial wurden Kulturen von Bufotb. und Pythontb. verwendet. Die Impfung erfolgte mit 0,5 ml intraperitoneal. Alle Tiere wurden bei etwa 25 °C gehalten. Im Gegensatz zu den gleichartigen Versuchen an Schildkröten verendeten alle Versuchseidechsen spontan infolge der tuberkulösen Infektion, wobei sich die Bufotb. als besonders pathogen erwies. Bereits nach sieben Tagen verendeten vier Tiere. Das fünfte Tier dieser Gruppe starb nach sechzehn Versuchstagen. Die Überlebungsdauer nach Verimpfen der Pythontb. schwankte zwischen 28 und 42 Tagen.

Das Ergebnis dieser Versuche mit Kaltblütertuberkulose zeigte, daß in allen Fällen *bakteriologisch* aus den Organen der gestorbenen Tiere die verimpften Tb.-Erreger wieder in Reinkultur gezüchtet werden konnten. Ebenfalls konnten bei allen Tieren, auch bei den bereits nach sieben Versuchstagen verendeten Tieren, *makroskopisch* erhebliche pathologisch-anatomische Veränderungen festgestellt werden (Abb. 39). Am stärksten ausgebildet waren bei allen Tieren entsprechend der intraperitonealen Infektion die tuberkulösen Veränderungen

Tabelle 17
Experimentelle Tuberkulose bei Eidechsen
nach Verimpfung von Ktb.-Bakterien (eigene Untersuchungen)

Lfd. Nr.	Tierart	Impfmat.	Appl.	Haltungs-temp. (°C)	gest. + get. −	Versuchs-dauer	Ergebnisse		
							Bakt.	Path.	Histol.
1.	Eidechse	Bufotb.	i. p.	20—25	+	7 Tage	pos.	pos.	pos.
2.	Eidechse	Bufotb.	i. p.	20—25	+	7 Tage	pos.	pos.	pos.
3.	Eidechse	Bufotb.	i. p.	20—25	+	7 Tage	pos.	pos.	pos.
4.	Eidechse	Bufotb.	i. p.	20—25	+	7 Tage	pos.	pos.	pos.
5.	Eidechse	Bufotb.	i. p.	20—25	+	16 Tage	pos.	pos.	pos.
1.	Eidechse	Pythontb.	i. p.	20—25	+	28 Tage	pos.	pos.	pos.
2.	Eidechse	Pythontb.	i. p.	20—25	+	30 Tage	pos.	pos.	pos.
3.	Eidechse	Pythontb.	i. p.	20—25	+	35 Tage	pos.	pos.	pos.
4.	Eidechse	Pythontb.	i. p.	20—25	+	35 Tage	pos.	pos.	pos.
5.	Eidechse	Pythontb.	i. p.	20—25	+	42 Tage	pos.	pos.	pos.

auf den serösen Häuten der Leibeshöhle. Es fanden sich neben miliaren, bis stecknadelkopfgroßen, derben, grauweißen Knötchen häufiger auch grauweiße, flächenförmige Schwartenbildungen.

Neben diesen tuberkulösen Veränderungen der Serosen konnten nach Anschnitt auch im Organparenchym — hier wiederum besonders in der Leber — gleichartige grauweiße Herde beobachtet werden. Weiterhin fanden sich tuberkulöse Knötchen in Lungen, Milz, Herz, Fettkörpern, Nieren, Magen und Pankreas. Es lag mithin in diesen Fällen das Bild einer generalisierten Miliartuberkulose vor.

Die *histologische* Untersuchung ließ ein gänzlich anderes Bild als bei den bisher beschriebenen Reptilientuberkulosen erkennen. Nekrotisierende Prozesse standen stets im Vordergrund. So fanden sich auf den serösen Häuten der Leibeshöhle, wie z. B. auf der Milzkapsel, genau wie im Milzgewebe selbst ausgedehnte nekrotische Veränderungen, die keinerlei bindegewebige Abgrenzungen aufwiesen. Offensichtlich kam es in diesen Fällen nach einer primären fibrinösen Serositis sofort zu einer Nekrose, ohne daß eine histiozytäre Zellreaktion vorher einsetzte.

Fast gleichartige nekrotisierende Vorgänge konnten auch im Nierengewebe ermittelt werden. Hier zeigten sich die Nekrosen als dichtgelagerte Kerntrümmeranhäufungen (Abb. 40).

In der Umgebung solcher degenerativer Prozesse fanden sich im interstitiellen Gewebe Lymphocytenanhäufungen und eosinophile Granulocyten. Wie bereits vor der Milzkapsel beschrieben, konnten auch auf der Nierenkapsel ausgedehnte nekrotische tuberkulöse Herde ermittelt werden, die vereinzelt noch an ihrer Peripherie einen schmalen Saum intakten, spezifischen Granulationsgewebes aufwiesen.

Die hochgradige toxische Wirkung der Ktb.-Bakterien auf den Organismus der Eidechsen drückt sich auch besonders in den anzutreffenden Leberveränderungen aus. Submiliare, miliare und großknotige Herde lassen stets nur Kerntrümmer und eosinophile Massen erkennen. Eine bindegewebige Abgrenzung sowie die Ausbildung eines epitheloidzelligen Granulationsgewebes konnten dagegen von uns niemals beobachtet werden.

Wie nicht anders zu erwarten, konnten nach Silberimprägnation der Schnitte im Bereich dieser nekrotischen Herde niemals Neubildungen von Gitterfasern ermittelt werden. Bemerkenswert war, daß selbst die präexistierenden Gitterfasern des Lebergewebes im Bereich der Nekrosen zugrunde gegangen waren. Diese hier getroffene Feststellung bezieht sich auf alle nekrotischen Veränderungen. Lediglich in dem einen Fall (35 Tage Pythontb.), der später noch beschrieben wird, konnten im Bereich der hier auftretenden Epitheloidzellentuberkel neugebildete engmaschige Gitterfasernetze beobachtet werden. Im Gegensatz zu den Befunden bei den vorher untersuchten Reptilienarten zeigten sich bei den Eidechsen neben Veränderungen auf den serösen Häuten auch in den meist noch gut entwickelten Fettkörpern gleichartige nekrotische Tuberkel. Besonders ausgeprägt waren auch die tuberkulösen Veränderungen in der Herzmuskulatur. Neben dichtgelagerten Kerntrümmern wiesen diese Herde meist auch reichlich Lymphocyten auf. Weiterhin konnten in der Intima der größeren Gefäße typische tuberkulöse Herde gleicher Art festgestellt werden.

Lediglich in einem Falle einer mit Pythonmaterial geimpften Eidechse (35 Versuchstage) zeigten sich sehr produktive Veränderungen. Bei diesem Tier erwies sich die Lunge als dicht durchsetzt mit miliaren zelligen Granulomen, die jedoch keine bindegewebigen Abgrenzungen erkennen ließen. Wie in diesen Lungenveränderungen konnten auch in den Epitheloidzellentuberkeln der Nieren und der übrigen Organe dieses Falls massenhaft Riesenzellen angetroffen werden, die den Langhansschen Riesenzellen der Säugertuberkulose völlig glichen (Abb. 41).

Die stets durchgeführte Fettfärbung ließ niemals in den tuberkulösen Veränderungen eine Fettinfiltration erkennen.

Besonders interessante Ergebnisse lieferte die Bakterienfärbung (Ziehl-Neelsen) an den Schnittpräparaten. Es zeigte sich hierbei, daß die im Hämatoxylin-Eosin-gefärbten Schnitt zwischen den Kerntrümmern nachweisbaren homogenen Massen fast ausschließlich aus dichtgelagerten säurefesten Stäbchen bestanden, die bereits mit dem schwachen Trockensystem als solche ermittelt werden konnten. Diese Beobachtung bezieht sich auf alle in den verschiedensten Organen anzutreffenden Veränderungen, wobei darüber hinaus auch Bakterienanhäufungen in den unveränderten, offensichtlich noch intakten Gewebspartien der Leber, Lunge und Milz zu beobachten waren. In dem einen mehr produktiv verlaufenden, 35 Tage alten Fall zeigte sich dagegen eine Konzentration der ebenfalls sehr reichlich anzutreffenden Tb.-Bakterien in erster Linie in den Langhansschen Riesenzellen. Diese Bakterienbefunde geben Anlaß zu der Vermutung, daß — zumal die Versuchsdauer zum Teil doch nur sehr kurz war (7 Tage) — es bei den Eidechsen nach Verimpfung von Ktb.-Erregern zu einer Bakteriämie kommt, durch die alle Organe mit Bakterien überschwemmt werden. Die Eidechsen weisen offensichtlich keinerlei Resistenz gegenüber den Ktb.-Erregern auf, wofür sowohl die enorme Bakterienvermehrung als auch die völlig unspezifischen, nekrotischen Gewebsreaktionen sprechen.

2. *Nach Verimpfung von Warmblütertuberkulosebakterien*

a) Fälle aus der Literatur

In der Tabelle 18 sind die aus der Literatur zu entnehmenden Versuche an Eidechsen mit Wtb.-Bakterien zusammengestellt. Als Versuchstiere wurden Blindschleichen, Eidechsen und Warane herangezogen. Zur Verimpfung kamen in erster Linie humane Tuberkulosebakterien. Darüber hinaus stellten Freymuth, Bertarelli und Küster auch Versuche an Eidechsen mit aviären Erregern an. Die Infektion erfolgte intraperitoneal und subkutan und in einem Fall auch per os. Die Versuchsdauer variierte bei den verschiedenen Versuchen zwischen 1 und 365 Tagen. Angaben über die Haltungstemperatur wurden von Despeignes, Küster und Bertarelli gemacht, wobei ersterer 10—25 °C und letztere 20 °C angeben.

Tabelle 18
Experimentelle Tuberkulose bei Eidechsen
nach Verimpfung von humanen und aviären Tuberkulosebakterien (Fälle aus der Literatur)

Autor	Tierart	Impfmat.	Appl.	Haltungstemp. (°C)	Versuchsdauer	Ergebnisse		
						Bakt.	Path.	Histol.
Moeller (1898)	Blindschleiche	Tb. hum.	i. p.	—	365 Tage	pos.	—	—
Herr (1901)	Blindschleiche	Tb. hum.	i. p.	—	90 Tage	pos.	pos.	pos.
Freymuth (1901)	Eidechsen Eidechsen	Tb. hum. Tb. gall.	i. p. i. p.	— —	10 Tage 10 Tage	pos. pos.	pos. pos.	pos. pos.
Bertarelli (1905)	Varanus varius Varanus varius	Tb. hum. Tb. gall.	s. c. s. c.	20 20	180 Tage 180 Tage	pos. neg.	pos. neg.	pos. neg.
Küster (1906)	Blindschleichen Blindschleichen Eidechsen Eidechsen	Tb. hum. Tb. gall. Tb. hum. Tb. gall.	i. p. i. p. i. p. i. p.	20–22 20–22 — —	— — 57 bis 243 Tage 93 bis 234 Tage	pos. pos. pos. pos.	pos. pos. pos. pos.	— — — —
Sorgo u. Suess (1907)	Blindschleiche	Tb. hum.	s. c.	—	24 Tage	pos.	pos.	pos.
Sorgo (1907)	Blindschleiche	Tb. hum.	s. c.	—	1 Tag	pos.	pos.	pos.
Tsukiyama (1908)	Eidechsen	Tb. hum.	s. c.	—	60 bis 210 Tage	pos.	neg.	neg.

Der Besprechung der Ergebnisse mag noch vorausgeschickt sein, daß der von Sorgo (1907) beschriebene Versuch, bei dem nach eintägiger Versuchsdauer bereits ein positives Ergebnis ermittelt wurde, nicht als experimentell bedingte Tuberkulose angesehen werden kann. Hier handelt es sich offenbar um eine zur Zeit der Infektion bereits vorhandene Spontantuberkulose dieser Blindschleiche.

Die Ergebnisse der *bakteriologischen* Untersuchung der verschiedenen Autoren nach Versuchsabschluß zeigten in fast allen Fällen einen positiven Nachweis der verimpften Bakterien. Lediglich Bertarelli konnte nach Verimpfung von aviären Erregern nach 180 Versuchstagen keine säurefesten Stäbchen aus dem Sektionsmaterial isolieren. Dieser Versuch kann jedoch nicht weiter herangezogen werden, da am gleichen Tier noch mehrmalig Impfungen mit humanen Erregern vorgenommen wurden, die dann zu tuberkulösen Veränderungen führten.

Pathologisch-anatomisch konnten bei den Versuchen von Despeignes (1892) und Tsukiyama (1908) trotz des positiven Bakteriennachweises keine Veränderungen ermittelt werden. Bei den Versuchen von Herr (1901) fanden sich nach intraperitonealer Verimpfung auf den serösen Häuten der Leibeshöhle graue, knötchenartige Herde. Bei den nur zehn Tage dauernden Versuchen von Freymuth wurde vor allem ein leukocytenreiches Exsudat in der Leibeshöhle festgestellt. Angaben über herdförmige Veränderungen wurden nicht gemacht. Bei dem von Bertarelli mit humanen Tuberkulosebakterien infizierten Waran konnte nach zwei Monaten an der Impfstelle in der Unterhaut eine kirschgroße Neubildung festgestellt werden. Das Tier wurde nach vier Monaten getötet, und es zeigten sich bei der Sektion auf den serösen Häuten der Leibeshöhle perlenartige Knötchen, von denen einige „verkäst" und einige stark fibrös waren. Die Leber wies vereinzelt kleine, rundliche, unscharf abgegrenzte, weiße Flecken auf. An der Impfstelle fanden sich mehrere zusammengeflossene Knötchen, die ebenfalls zum Teil „verkäst" waren. Küster stellte bei sechs geimpften und dann spontan verendeten Eidechsen eine starke Flüssigkeitsansammlung in der Leibeshöhle fest und fand gleichzeitig eine Schwarten- und Knötchenbildung auf den verschiedenen Organen. Im Bereich der Injektionsstelle konnte er gelegentlich eine Abszeßbildung ermitteln. Diese Beobachtungen konnte er sowohl nach der Verimpfung von humanen als auch von aviären Erregern machen. Bei der Sorgo (1907) subkutan mit humanen Erregern geimpften Blindschleiche, die bereits nach 24 Stunden verendete, zeigten sich neben nekrotisierenden Prozessen im Bereich der Impfstelle auch subpleural und in der Leber deutliche Knötchen. Wie eingangs schon erwähnt, müssen diese letztgenannten Veränderungen auf eine bereits vor der Impfung bestandene Tuberkulose zurückgeführt werden.

Wichtig dagegen erscheinen die von Sorgo und Suess (1907) ebenfalls nach subkutaner Verimpfung humaner Bakterien an Blindschleichen erhobenen Befunde. Sie konnten nach 24tägiger Versuchsdauer „Verkäsungen" im Bereich der Impfstelle ermitteln und fanden an der Innenseite der Rippen, subpleural gelegen, mehrere konfluierende grauweiße, kirschkerngroße „verkäsende" Knötchen. Die Leber erwies sich als übersät mit stecknadelkopfgroßen, erhabenen, wasserhellen Knötchen. Gleichfalls fanden sich auf dem Mesenterium einzelne weiche, gelblichweiße Herde.

Bei den recht zahlreichen Versuchen von Tsukiyama an Eidechsen konnten dagegen in keinem Fall makroskopisch Veränderungen beobachtet werden.

Die vorliegenden *histologischen* Befunde sind leider recht unzureichend. Herr weist lediglich darauf hin, daß die Veränderungen auf der Leberoberfläche nicht typische tuberkulöse Gewebsveränderungen darstellen, sondern sich als Bindegewebsabgrenzungen um die Tuberkulosebakterien markieren. Den Untersuchungen von Freymuth ist zu entnehmen, daß im leukocytenreichen Exsudat intra- und extrazellulär reichlich säurefeste Stäbchen gefunden wurden. Bertarelli beschreibt die tuberkulösen Veränderungen als „typische tuberkulöse Abszesse, die das Ergebnis der Verschmelzung mehrerer Tuberkel waren". In der Leber konnte er lediglich Bezirke der Nekrobiose beobachten. Die in der Haut anzutreffenden verkästen Tuberkel wiesen Riesenzellen mit starkem Bakteriengehalt auf. Das Zentrum der Knötchen sah im Hämatoxylin-Eosin-gefärbten Schnitt wie eine Nekrose aus, erwies sich aber nach der Ziehl-Neelsen-Färbung als Anhäufung säurefester Stäbchen. Gleichartig gibt auch Küster an, daß die tuberkulösen Herde massenhaft Bakterien aufwiesen, ohne eine ausgeprägte Zellreaktion zu zeigen. Bei den Untersuchungen von Sorgo und Suess erwiesen sich die Knötchen im Zentrum ebenfalls als „verkäst". An der Peripherie fanden sich epitheloidzellähnliche Zellen, die scharf vom Lebergewebe abgegrenzt waren. Auch von diesen Untersuchern wird auf die massenhaft auftretenden säurefesten Stäbchen im verkästen Zentrum verwiesen.

b) Eigene Versuche

Die von uns durchgeführten Versuche mit Warmblütertuberkulose an Eidechsen (Lacerta viridis und Lacerta agilis) sind in der Tabelle 19 zusammengestellt. Als Impfmaterial wurde ausschließlich Tb. bov. verwendet. Die Injektion erfolgte intraperitoneal, wobei jedem Tier 0,5 ml injiziert wurden. Alle Tiere wurden bei 25—30 °C gehalten. In einem Zeitraum von 14 bis 90 Tagen verendeten alle Eidechsen bis auf drei spontan. Diese drei Tiere wurden durch Dekapitation getötet und anschließend seziert. Wichtig erscheint es, darauf hinzuweisen, daß klinisch bei allen Versuchstieren zu Lebzeiten eine starke Abmagerung festgestellt werden konnte.

Tabelle 19
Experimentelle Tuberkulose bei Eidechsen
nach Verimpfung von bovinen Tuberkulosebakterien (eigene Untersuchungen)

Lfd. Nr.	Tierart	Impfmat.	Appl.	Haltungs-temp. (°C)	gest. + get. —	Versuchs-dauer	Ergebnisse		
							Bakt.	Path.	Histol.
1.	Eidechse	Tb. bov.	i. p.	25—30	+	14 Tage	pos.	neg.	pos.
2.	Eidechse	Tb. bov.	i. p.	25—30	+	14 Tage	pos.	neg.	pos.
3.	Eidechse	Tb. bov.	i. p.	25—30	+	18 Tage	pos.	pos.	pos.
4.	Eidechse	Tb. bov.	i. p.	25—30	+	28 Tage	pos.	pos.	pos.
5.	Eidechse	Tb. bov.	i. p.	25—30	+	42 Tage	pos.	pos.	pos.
6.	Eidechse	Tb. bov.	i. p.	25—30	+	43 Tage	pos.	pos.	pos.
7.	Eidechse	Tb. bov.	i. p.	25—30	+	49 Tage	pos.	pos.	pos.
8.	Eidechse	Tb. bov.	i. p.	25—30	+	49 Tage	pos.	pos.	pos.
9.	Eidechse	Tb. bov.	i. p.	25—30	—	49 Tage	pos.	pos.	pos.
10.	Eidechse	Tb. bov.	i. p.	25—30	+	49 Tage	pos.	pos.	pos.
11.	Eidechse	Tb. bov.	i. p.	25—30	+	56 Tage	pos.	pos.	pos.
12.	Eidechse	Tb. bov.	i. p.	25—30	+	90 Tage	pos.	pos.	pos.
13.	Eidechse	Tb. bov.	i. p.	25—30	+	90 Tage	pos.	pos.	pos.
14.	Eidechse	Tb. bov.	i. p.	25—30	—	90 Tage	pos.	pos.	pos.
15.	Eidechse	Tb. bov.	i. p.	25—30	—	90 Tage	pos.	pos.	pos.

Nach Versuchsabschluß konnten *bakteriologisch* aus den Organen aller Tiere die verimpften Erreger wieder isoliert werden.

Pathologisch-anatomisch wurden stets vom 18. Versuchstage an Veränderungen festgestellt. Die zwei nach 14 Tagen verendeten und makroskopisch negativ befundenen Eidechsen ließen jedoch bei der histologischen Untersuchung ebenfalls submiliare tuberkulöse Granulome erkennen. Die anzutreffenden *pathologisch-anatomischen* Veränderungen waren allgemein weit geringgradiger als bei den Versuchen mit Kaltblütertuberkulose. Es fanden sich entsprechend der intraperitonealen Injektion auf den serösen Häuten der Leibeshöhle stecknadelkopfgroße, grauweiße, derbe Knötchen. Besonders im Bereich der Injektionsstelle konnte öfters eine Häufung derartiger Knötchen beobachtet werden (Abb. 42). Flächenförmige, schwartige Auflagerungen mit ausgedehnten Nekrosen, wie sie nach Verimpfung mit Ktb.-Bakterien beobachtet wurden, haben wir niemals feststellen können.

Die *histologische* Untersuchung der Organe ließ überwiegend produktive Veränderungen erkennen. Sie fanden sich fast ausschließlich auf der Oberfläche der Organe, von wo aus sie nur zum Teil infiltrativ in das Parenchym vor allem der Leber und des Pankreas vordrangen. Eine Generalisation wurde lediglich bei zwei Tieren nach 49 Versuchstagen im Parenchym der Leber beobachtet. Die Tuberkel auf den serösen Häuten waren zum Teil dicht nebeneinander gelagert und von Fibrinmassen umgeben. Die einzelnen Herde wiesen teilweise die Struktur eines Konglomerattuberkels auf, wobei die epitheloidzelligen blasig-kernigen Zellherde durch zwei- bis dreischichtige Bindegewebszüge unterteilt waren. Der gesamte Konglomerattuberkel ließ an der Peripherie meist ebenfalls eine bindegewebige Abgrenzung erkennen, in der oft eine Anreicherung von Lymphocyten ermittelt werden konnte (Abb. 43). Die im Parenchym der Leber zu beobachtenden submiliaren Herde bauten sich ebenfalls aus blasigkernigen Epitheloidzellen auf, ohne daß sie jedoch bindegewebig abgegrenzt waren. An der Peripherie dieser submiliaren Parenchymtuberkel fand sich meist ein Saum dunkelkerniger Zellen. In vielen Fällen ließen die Serosentuberkel zahlreiche Riesenzellen vom Langhansschen Typ im Granulationsgewebe erkennen (Abb. 44). Die an Schnitten solcher Veränderungen vorgenommene Silberimprägnation zeigte ein engmaschiges, neugebildetes Gitterfasernetz, in das die Riesenzellen mit eingeschlossen waren (Abb. 45). Ausgehend von den oben beschriebenen Serosentuberkeln konnte verschiedentlich ein Vordringen der tuberkulösen Veränderungen in das Parenchym der entsprechenden Organe wie z. B. Pankreas oder Lungen beobachtet werden. Auch in ihnen fanden sich wiederum Riesenzellen vom Langhansschen Typ.

In den tuberkulösen Veränderungen der 90 Tage im Versuch stehenden Eidechsen konnte gelegentlich eine zentral beginnende Nekrose in den Serosentuberkeln beobachtet werden. Hierbei fanden sich zentral gelagert Anhäufungen von Kerntrümmern, die von intaktem Granulationsgewebe umgeben waren, das selbst wiederum peripher bindegewebig abgegrenzt war. Gleichartige nekrotische Veränderungen konnten wir auch in einem größeren tuberkulösen Prozeß, der von der Pleura ausgehend in die Lunge vorgedrungen war, beobachten. In diesem Fall ließ das nekrotische Zentrum bereits eine feinkörnige Kalkeinlagerung erkennen.

Abschließend möchten wir noch auf die Veränderungen zweier nur kurz im Versuch gewesener Eidechsen (18 und 28 Tage) hinweisen, bei denen wir im Gegensatz zu den in dieser Versuchsreihe überwiegend zu beobachtenden proliferativen Veränderungen ausschließlich rein nekrotische Herde feststellen konnten. Es fanden sich bei diesen Tieren sowohl auf den serösen Häuten als auch im Leberparenchym submiliare, miliare und größere nekrotische Bezirke, die keinerlei zellige Reaktionen erkennen ließen.

III. Zusammenfassender Überblick über die spontane und experimentelle Tuberkulose der Eidechsen und Krokodile

Spontantuberkulose bei Eidechsen und Krokodilen wurde bisher nur in neun Fällen beobachtet. Neben miliaren Knötchen in Lunge, Leber, Milz, Nieren und Pankreas sowie auf den serösen Häuten der Leibeshöhle wurden in Einzelfällen Herde bis zu Walnußgröße, die zentral vollständig käsig umgewandelt waren, festgestellt. Leider fehlen Angaben über den histologischen Aufbau der Tuberkel vollständig.

Die mehrfach durchgeführte intraperitoneale und subkutane Verimpfung von Ktb.-Bakterien bei Eidechsen rief stets ausgedehnte tuberkulöse Veränderungen hervor. Im Gegensatz zu den vorher beschriebenen Versuchen an anderen Kaltblütertierarten verendeten alle infizierten Eidechsen nach einer verhältnismäßig kurzen Versuchsdauer von 3 bis 56 Tagen. Bei den eigenen Versuchen erwies sich ein Ktb.-Stamm, der aus einer Spontantuberkulose eines Frosches isoliert wurde, als besonders pathogen. Fast alle Versuchseidechsen verendeten bereits nach sieben Tagen. Bei weiteren Versuchen mit einem Schlangentuberkulosestamm starben die geimpften Eidechsen nach 28 bis 42 Versuchstagen. Die bei diesen intraperitoneal geimpften Versuchstiere zu beobachtenden makroskopischen Veränderungen zeigten sich als gelblichgraue Knötchen bzw. grauweiße, flächenförmige Auflagerungen auf allen serösen Häuten der Leibeshöhle. Daneben konnten auf der Schnittfläche auch im Inneren der Organe Generalisationsherde festgestellt werden. In erster Linie waren Leber, Nieren, Milz und Pankreas betroffen. In Einzelfällen zeigten sich auch tuberkulöse Knötchen in den Lungen, im Herz, im Magen und in den Fettkörpern. Histologisch unterschieden sich die zu beobachtenden tuberkulösen Veränderungen von den bisherigen Befunden an Kaltblütern dadurch, daß es sich hier fast ausschließlich um exsudative, zu primärer Nekrose führende Prozesse handelte. In den Nekrosen fanden sich stets massenhaft säurefeste Stäbchen. Bindegewebige Abkapselung fehlte in den meisten Fällen. Eine Gitterfaserneubildung konnte im Bereich der tuberkulösen Nekrosen niemals beobachtet werden. Lediglich in einem Einzelfall einer 35 Tage im Versuch stehenden Eidechse konnten proliferative, aus Epitheloidzellen und zahlreichen Riesenzellen vom Langhansschen Typ bestehende tuberkelartige Neubildungen beobachtet werden. In diesem Fall ließ sich auch eine Gitterfaserneubildung feststellen. Die ebenfalls sehr zahlreich anzutreffenden säurefesten Stäbchen waren hier besonders konzentriert in den Riesenzellen anzutreffen. Verfettungsvorgänge konnten weder in den Granulomen noch in den Nekrosen beobachtet werden. Im Gegensatz zu den anderen wechselwarmen Tieren kam es bei den Eidechsen nach Verimpfung von Kaltblütertuberkulose auch zu einem Einbruch der tuberkulösen Herde in die Gefäße. Offensichtlich weisen die Eidechsen gegenüber der Kaltblütertuberkulose nach intraperitonealer Verimpfung keinerlei Resistenz auf, wofür sowohl die enorme Bakterienvermehrung bereits nach sieben Tagen als auch die völlig unspezifische, rein nekrotische Gewebsreaktion sprechen.

Nach Verimpfung von Warmblütertuberkulose an Eidechsen traten makroskopisch feststellbar ebenfalls grauweiße, knötchenförmige Veränderungen auf den serösen Häuten der Leibeshöhle auf. Zu einer Generalisation kam es hier jedoch nur in Ausnahmefällen. Die offensichtlich weit geringere Pathogenität der Wtb.-Erreger für Eidechsen drückte sich auch in der längeren Überlebungszeit — bis zu 90 Tagen nach erfolgter Infektion — aus. Die zu beobachtenden makroskopischen Veränderungen beschränkten sich meist auf den Bereich der Injektionsstelle. Histologisch ließen die Veränderungen einen rein produktiven Charakter erkennen. Die in Form von Serosentuberkeln, ähnlich denen der Säugetiere, anzutreffenden Veränderungen bestanden aus Epitheloidzellen und zahlreichen Langhansschen Riesenzellen. Die Herde waren stets bindegewebig von der Nachbarschaft abgegrenzt. Die Riesenzellen enthielten reichlich säurefeste Stäbchen. Stets war es im Bereich dieser Veränderungen zur Neubildung von Gitterfasern gekommen. Nur in Einzelfällen konnte eine zentral beginnende Nekrose der Tuberkel beobachtet werden. Eine Verfettung fehlte auch hier vollständig. Nur in einem Fall wurde in einem Lungentuberkel einer mit bovinen Erregern geimpften Eidechse eine zentral beginnende Verkalkung nach 49 Versuchstagen ermittelt.

Vergleichende pathologische Schlußbetrachtung

Die Tuberkulose als meist chronisch verlaufende Entzündung ist bei den Warmblütern bereits sehr eingehend erforscht worden. Neben der heute praktisch unübersehbaren Zahl der Arbeiten über die Tuberkulose des Menschen ist auch die Tuberkulose der Säugetiere, insbesondere die der Haussäugetiere, sehr eingehend bearbeitet worden. Über die Tuberkulose des Hausgeflügels liegen ebenfalls zahlreiche Arbeiten vor. Demgegenüber hat die tuberkulöse Entzündung der Kaltblüter bisher nur verhältnismäßig wenig Beachtung gefunden. Die meisten der vorliegenden Mitteilungen über die Kaltblütertuberkulose betreffen die Fische, während bei Amphibien und Reptilien nur einzelne Beobachtungen gemacht wurden. Allerdings muß man hierbei berücksichtigen, daß diese Tierarten nur in geringer Zahl in Gefangenschaft gehalten werden und etwaige Fälle von Tuberkulose bei freilebenden Tieren dieser Wirbeltierklassen sich meist einer Beobachtung entziehen.

Die als *Erreger der Tuberkulose der Warmblüter* in Betracht kommenden Mykobakterienarten sind bereits recht eingehend untersucht worden. Man unterscheidet heute entsprechend ihrer spezifischen Pathogenität für die verschiedenen Warmblüter zwischen vier Arten, dem Mycobacterium tuberculosis (früher typus humanus), dem Mycobacterium bovis (früher typus bovinus), dem Mycobacterium avium (früher typus gallinaceus) und dem Mycobacterium microti (früher typus murium). Es ist bekannt, daß mit Ausnahme des weniger wichtigen Mycobacterium microti die genannten Erreger für alle Säuger bzw. Vogelarten pathogen sein können. Die einzelnen Arten lassen sich jedoch sowohl kulturell als auch durch chemische Methoden und durch ihr Verhalten gegenüber Versuchstieren gut voneinander unterscheiden.

Hinsichtlich der *Erreger der Kaltblütertuberkulose* bestehen trotz umfangreicher Untersuchungen noch erhebliche Unklarheiten. Die ständig wechselnde Nomenklatur bei den in Frage kommenden Erregertypen (Mycobacterium piscium, M. fortuitum, M. marinum, M. tamnopheos, M. platypoecilius u. a.) läßt erkennen, daß es noch nicht entschieden ist, inwieweit die verschieden benannten Typen als wirklich voneinander zu trennende Bakterienarten anzusehen sind. Als für die Ktb.-Bakterien allgemein zutreffend kann gesagt werden, daß sie im Gegensatz zu den Wtb.-Bakterien am besten bei 25 °C wachsen. Sie bilden auf Agar weißliche, fettige Kolonien und wachsen schneller als die vorgenannten. In Bouillon tritt keine allgemeine Trübung, sondern ein krümliges Wachstum am Boden des Röhrchens ein. Morphologisch und färberisch ist das Verhalten gleich dem des menschlichen Tuberkulosebakteriums, jedoch weisen viele Untersucher darauf hin, daß die säurefesten Erreger der Kaltblütertuberkulose meist kleiner sind als die humanen Tuberkuloseerreger. Über den Grad der Tierpathogenität wird sehr unterschiedlich geurteilt. Wir konnten im Verlauf unserer Versuche feststellen, daß die von uns verwendeten verschiedenen Ktb.-Erreger für die von uns herangezogenen kaltblütigen Versuchstiere gleich pathogen waren. Lediglich bei Eidechsen trat nach Verimpfung einer Pythontb. bereits nach sieben Tagen der Tod ein, im Gegensatz zu Versuchen mit Bufotb., bei denen der größte Teil der Versuchstiere erst nach 49 Tagen verendete.

Von wesentlicher Bedeutung ist für die vergleichende Pathologie auch die Frage der *wechselseitigen Übertragbarkeit* der Warm- und Kaltblütertuberkulose. Hierzu wurden bereits von verschiedenen Autoren recht zahlreiche Versuche an Kaltblütern mit Wtb.-Erregern durchgeführt, wobei in erster Linie Frösche mit Tb. hum. infiziert wurden. Wesentlich seltener wurden Tb. bov. und Tb. avium für solche Versuche herangezogen. Die meisten Autoren waren bestrebt, im Rahmen ihrer Versuche die verimpften Wtb.-Erreger durch mehrmalige Passage im Kaltblüterorganismus in Ktb.-Erreger umzuwandeln. Die Ergebnisse dieser Versuche sind recht unterschiedlich. KÜSTER (1928), der die vorhandenen Befunde kritisch zusammengefaßt hat, kommt zu dem Ergebnis, daß die Mutationsversuche von 27 Autoren bei 52% negative, bei etwa 15% wechselnde und bei 33% positive Ergebnisse zeigen. Die Frage einer Umwandlung der Tuberkuloseerregertypen scheint danach noch nicht restlos geklärt zu sein. Die in diesem Zusammenhang von mir durchgeführten Versuche mit Tb. bov. an Schildkröten ließen auch nach fünfmaliger Passage keine Virulenzsteigerung oder Umwandlung der Erreger erkennen.

Grundsätzlich kann wohl gesagt werden, daß die Erreger der Warmblütertuberkulose weniger pathogen für Kaltblüter sind als die Ktb.-Erreger. MORIYA, der sich besonders mit der Empfänglichkeit der Schildkröten gegenüber der Tb. hum. beschäftigte, kam zu der Schlußfolgerung, daß die Pathogenität hauptsächlich von folgenden Punkten abhängig zu sein scheint:

1. die individuelle Verschiedenheit der einzelnen Schildkröten gegenüber einer Infektion;
2. die Temperatur, bei der die Tiere gehalten werden (höhere Temperaturen führen leichter zu einem positiven Ergebnis);
3. die Menge der verimpften Tuberkulosebakterien (eine geringe Anzahl von Tuberkulosebakterien ist unfähig, auf den Kaltblüterorganismus krankmachend zu wirken).

Versuche mit Ktb.-Erregern an Warmblütern sind bisher nur sehr wenig durchgeführt worden und blieben meist ohne Erfolg. Die Ursachen hierfür sind noch nicht geklärt.

Die Frage des *Infektionsweges* bei Kaltblütern läßt sich schwer klären. Geht man von dem Infektionsweg bei Säugern aus, so steht bei diesen die aerogene Infektion obenan. An zweiter Stelle folgt die intestinale Infektion, die in der Regel nur in der Jugendzeit stattfindet, und an dritter Stelle steht die kongenitale (diaplacentare) Infektion. Alle anderen Infektionswege treten demgegenüber völlig zurück. Bei den Kaltblütern fällt die aerogene Infektion bei den ausschließlich oder vorwiegend im Wasser lebenden Kaltblütern, die auf eine Kiemenatmung angewiesen sind, weg. Aber auch bei den landlebenden Reptilien ist sie genauso selten wie beim Vogel. Man kann also sagen, daß vom Vogel abwärts die aerogene Infektion keine Rolle mehr spielt. Eine placentare Infektion kommt vom Vogel abwärts ebenfalls nicht mehr vor, weil Vögel, Reptilien, Amphibien und Fische Eier legende Wirbeltiere sind, bei denen eine Übertragung der mütterlichen Tuberkulose auf placentarem Wege von vornherein ausscheidet. Denkbar wäre bei diesen Tieren allerdings eine *germinative Infektion*, nachdem in Hühnereiern auch Tuberkulosebakterien nachgewiesen wurden. Es wäre auch denkbar, daß die Eier der Amphibien und Fische, die sich im Wasser entwickeln, vom Wasser aus mit Tuberkulosebakterien infiziert werden. Bisher liegen allerdings keine Beobachtungen über eine solche germinative Infektion vor.

Die Frage des Infektionsweges läßt sich bei Kaltblütern auch aus einem weiteren Grunde nur schwer klären. Bei den Säugetieren ist der Infektionsweg durch das Auftreten eines *Primärkomplexes* charakterisiert. Es kommt an der Eintrittsstelle der Erreger zu einer lokalen, meist sehr frühzeitig und stark verkalkenden Entzündung und gleichzeitig in den regionären Lymphknoten zu einer primären, meist stark auffälligen Verkäsung. Vom Vogel abwärts haben wir bei den Wirbeltieren keine Lymphknoten mehr. Die Veränderungen an den regionären Lymphknoten fallen daher fort. Wie die eigenen Untersuchungen und die anderer Forscher übereinstimmend ergeben haben, spielt auch die Verkalkung des Primärherdes, ja häufig sogar auch aller anderen tuberkulösen Entzündungsherde bei Kaltblütern keine Rolle. Damit entfällt die Möglichkeit, dieselben Kriterien wie beim Säuger für den Nachweis des Infektionsherdes zu benutzen.

Man geht wohl nicht fehl, wenn man annimmt, daß die Tuberkulose der Vögel, Reptilien, Amphibien und Fische in erster Linie auf *alimentärem* Wege zustande kommt. Für den Vogel ist das bereits mit Sicherheit nachgewiesen. Aber auch für die Reptilien dürfen wir das gleiche wohl annehmen; bei wasserlebenden Amphibien und Fischen könnte noch eine Infektion durch die Haut oder durch die Kiemen erfolgen. Da aber die Kiemen bei Fischen und Amphibien als Kiemendarm ebenfalls zum Digestionsapparat gehören, bleibt höchstens noch die Möglichkeit einer kutanen Infektion. Für eine alimentäre Infektion spricht ohne weiteres die starke Beteiligung der Leber und in zweiter Linie die der Milz an den tuberkulösen Veränderungen. Die Leber war nach den vorliegenden Untersuchungen bei Fischen, Amphibien und Reptilien stets das am häufigsten und am stärksten veränderte Organ. Das gleiche gilt bekanntlich auch für die Vogeltuberkulose, wo die Leber praktisch genauso häufig wie der Darm tuberkulös verändert sein kann.

Um den *Verlauf* der Kaltblütertuberkulose einer vergleichenden Betrachtung zu unterziehen, mag zunächst auf die von Ranke gegebene Einteilung der Tuberkulose des Menschen in verschiedene Stadien, die er auf eine wachsende Immunitätslage zurückführt, eingegangen werden. Ranke unterscheidet zwischen

1. dem Primärkomplex,
2. der Frühgeneralisation,
3. der chronischen isolierten Organtuberkulose und
4. der Spätgeneralisation oder Niederbruchsform.

In der vergleichenden Pathologie läßt sich diese Einteilung kaum verwenden.

Wie bereits NIEBERLE und seine Mitarbeiter nachgewiesen haben, lassen sich die RANKEschen Stadien eigentlich nur beim Rind nachweisen. Bei allen anderen Haustieren fehlt die chronische Organtuberkulose, so daß man lediglich den Primärkomplex und eine als Frühgeneralisation anzusehende disseminierte Miliartuberkulose nachweisen kann. Prüfen wir die Frage des tuberkulösen Ablaufs bei den Kaltblütern, so kann man heute wohl sagen, daß es auch bei den Kaltblütern zu einer Frühgeneralisation kommt, die allerdings meist unter dem Bild einer protrahierten Generalisation verläuft, da die tuberkulösen Herde im allgemeinen zu einer deutlichen bindegewebigen Abkapselung neigen. Eine Ausnahme machen scheinbar die Eidechsen, die nach experimenteller intraperitonealer Infektion von Kaltblütertuberkulose in kurzer Frist an einer Bakteriämie zugrunde gehen.

Eine Übereinstimmung zwischen den Kaltblütern und den Säugetieren besteht jedoch darin, daß auch durch abgetötete Erreger der Warm- und der Kaltblütertuberkulose die gleichen anatomischen Veränderungen wie durch lebende Erreger hervorgerufen werden können. Daraus läßt sich der Rückschluß ziehen, daß alle Erregerarten der Tuberkulose Stoffe enthalten, die das umgebende Gewebe zur Bildung einer spezifischen Entzündung veranlassen. Bei Verwendung abgetöteter Keime fehlt lediglich die Generalisation.

Die beobachteten *makroskopischen Veränderungen* erwiesen sich tierartlich als weitgehend einheitlich, wobei durch die verschiedenen Ktb.- und Wtb.-Erregertypen meist nur ein gradueller Unterschied im Ausmaß der Veränderungen bedingt wurde. Im allgemeinen ließen makroskopisch die durch säurefeste Erreger hervorgerufenen Tuberkel bei Kaltblütern eine große Ähnlichkeit mit denen bei Vögeln und Säugetieren erkennen. Submiliare und miliare grauweiße Herdchen mit glasigem Zentrum stellten die frühesten sichtbaren Veränderungen sowohl auf den serösen Häuten als auch im Organparenchym dar. In älteren Prozessen der Spontantuberkulose bzw. nach längerer Dauer experimenteller Infektionen konnten miliare und bis erbsengroße, derbe, grauweiße, stark abgekapselte Tuberkel beobachtet werden, die ein nekrotisches Zentrum aufwiesen. Die nekrotischen Gewebsmassen waren überwiegend trocken, bröcklig, so daß der von der Tuberkulose des Menschen allgemein übernommene Begriff einer „Verkäsung" nicht zutreffend wäre.

Eine Ausbildung von Einschmelzungskavernen, wie sie beim Menschen und bei der Ziege beobachtet werden, oder von bronchiektatischen Kavernen, wie sie bei der Rindertuberkulose entstehen, konnte weder bei der spontanen noch bei der experimentellen Tuberkulose der Kaltblüter ermittelt werden. Hinsichtlich der Lokalisation der tuberkulösen Veränderungen bei allen Kaltblütern muß gesagt werden, daß unzweifelhaft Leber und Milz am häufigsten betroffen sind. Bei den Reptilien können dabei Bilder entstehen, wie man sie bei der Hühnertuberkulose sehr häufig beobachten kann. Dagegen sind die Lungen, die beim Säuger häufig wichtigster Sitz tuberkulöser Veränderungen sind, beim Vogel, bei den Reptilien und Amphibien nur sehr selten von der tuberkulösen Entzündung ergriffen. Diese starke Bevorzugung der Leber und Milz dürfte sich, wie schon erwähnt, aus der vorwiegend alimentären Infektion der Kaltblüter erklären. Daneben muß auch berücksichtigt werden, daß vom Vogel abwärts Lymphknoten im eigentlichen Sinne diesen Wirbeltieren fehlen. Ihr lymphatisches Gewebe findet sich zum Teil in Form subepithelialer Lymphlager in den Schleimhäuten. Die Hauptfunktion, die beim Säuger die Lymphknoten auszuführen haben, muß jedoch bei diesen Tieren vom Reticuloendothel der Leber und Milz übernommen werden. Aus diesem Grunde kann das bei der Tuberkulose der Menschen und der Haussäugetiere unangefochtene Cornethsche Lokalisationsgesetz bei den Vögeln, Reptilien, Amphibien und Fischen nicht gelten.

Die im Verlauf der spontanen und experimentellen Tuberkulose erhobenen *histologischen* Befunde möchten wir einer eingehenden vergleichenden Betrachtung unterziehen. Die markantesten Merkmale für den morphologischen Aufbau der Tuberkel haben wir für die einzelnen Kaltblüterarten in der Tabelle 20 zusammenzustellen versucht, um auf diese Weise einen

Tabelle 20
Aufbau der tuberkulösen Veränderungen

Tierart		Epitheloidzellherde	Riesenzellbildung: Langhansscher Typ	Riesenzellbildung: Geflügeltyp	Riesenzellbildung: Fremdkörpertyp	Lymphocyten	eosinophile Granulocyten	Histiocyten bzw. Pigmentzellen	Nekrosen	Verkalkungen	Gitterfaserneubildung	Bindegewebige Abkapselung	Bindegewebige Abheilung	Säurefeste Stäbchen	Fettinfiltration
Fische	spontane Tb.	++	+	–	+	–	+	–	++	–		++	–	++	/
Fische	exp. Tb. Kaltbl.	++	+	–	+	–	+	+	++	–	++	++	–	++	–
	exp. Tb. bov.	++	–	–	–	+	–	++	++	–	++	++	–	++	+
	exp. Tb. gall.	++	–	–	–	–	–	++	++	–	/	+	–	++	
Frösche	spontane Tb.	++	–	–	–	+	/	–	+	–	++	++	–	++	+
Frösche	exp. Tb. Kaltbl.	++	(+)	–	–	–	++	++	++	–	++	++	–	++	+
	exp. Tb. hum.	++	(+)	–	–	+	+	++	++	–	/	++	–	+	/
	exp. Tb. bov.	++	–	–	–	+	+	++	++	–	++	++	–	+	(+)
	exp. Tb. gall.	++	–	–	–	–	+	++	++	–	/	++	–	+	/
	abget. Tb. hum.	++	–	–	–	–	+	++	++	–	/	++	–	+	/
Axolotl	exp. Tb. Kaltbl.	++	++	–	–	+	–	+	–	–	++	–	–	(+)	–
	exp. Tb. hum.	++	++	–	–	+	–	–	(+)	–	++	+	+	(+)	–
	exp. Tb. bov.	++	++	–	–	+	–	–	(+)	–	++	+	+	(+)	–
	abget. Tb. bov.	++	+	–	+	+	–	+	–	–	++	–	–	–	–
	sf. Saprophyten	++	++	–	+	+	–	+	–	–	++	++	–	(+)	–
Schlangen	spontane Tb.	++	–	–	–	–	++	++	++	–	++	++	+	++	+
Schlangen	exp. Tb. Kaltbl.	++	(+)	–	–	–	+	+	++	–	/	++	–	++	/
	exp. Tb. hum.	++	–	–	–	–	+	++	–	–	/	++	–	++	/
	exp. Tb. bov.	++	(+)	–	–	–	++	+	–	–	+	+	–	++	–
Schildkröten	spontane Tb.	++	++	–	–	–	–	–	++	–	/	++	–	++	/
Schildkröten	exp. Tb. kaltbl.	++	(+)	++	+	+	++	++	++	–	++	++	–	++	–
	exp. Tb. hum.	++	+	++	+	+	++	++	++	–	++	++	–	+	–
	exp. Tb. bov.	++	+	++	+	+	++	++	++	–	++	++	–	+	–
	exp. Tb. gall.	++	+	++	+	+	++	++	++	–	++	++	–	+	–
Eidechsen	exp. Tb. Kaltbl.	++	++	–	–	++	++	–	++	–	++	–	–	++	–
	exp. Tb. hum.	+	++	–	–	–	–	–	++	–	/	++	–	++	/
	exp. Tb. bov.	++	++	–	–	+	–	–	+	+	++	++	–	++	–
	exp. Tb. gall.	+	++	–	–	–	–	–	++	–	/	++	–	++	/

Zeichenerklärung: (+), +, ++ vorhanden; – nicht vorhanden; / nicht untersucht

generellen Überblick über die tuberkulösen Veränderungen geben zu können. Es muß jedoch betont werden, daß eine solche schematische Einordnung morphologischer Befunde nur einen generellen Überblick bieten kann, da die im einzelnen auftretenden individuellen Unterschiede nicht berücksichtigt werden können. Außerdem sind die ausschließlich aus der Literatur entnommenen Angaben einiger Gruppen recht unvollständig, so daß sie nur von geringem Wert für einen Vergleich sein können. Geht man von den Verhältnissen beim Menschen aus, dann ist die tuberkulöse Entzündung charakterisiert durch folgende Eigentümlichkeiten:

1. Es kommt zu einer starken histiozytären Neubildung, wobei besonders gebaute Zellen entstehen, die als Epitheloidzellen bezeichnet werden.
2. Bei einem Teil der Säugetiere finden sich charakteristisch gebaute Riesenzellen, die als Riesenzellen vom Langhansschen Typ bezeichnet werden.
3. Als Exsudatzellen herrschen bei der tuberkulösen Entzündung die Lymphocyten weitgehend vor.
   Myeloische Zellen werden beim Säuger nur selten und meist nur in geringer Zahl angetroffen.
4. Das entzündliche Gewebe neigt im Zentrum zu einer charakteristischen, als Verkäsung bezeichneten Nekrose.
5. Die abgestorbenen Massen können mit Kalksalzen inkrustiert sein (Verkalkungen).
6. In der Umgebung der tuberkulösen Entzündung kann es zu einer reaktiven Bindegewebswucherung und damit zu einer Abkapselung der Herde kommen.

Gehen wir von diesen Voraussetzungen aus, dann kann folgendes über das histologische Bild der tuberkulösen Entzündung der Kaltblüter gesagt werden:

Grundsätzlich können im Verlauf der Tuberkulose aller untersuchten Kaltblüterarten bis herunter zum Fisch *Epitheloidzellen* als Hauptanteil des entzündlichen Gewebes ermittelt werden.

Die Epitheloidzellen bestimmen somit beim Kaltblüter, genau wie beim Vogel und Säuger, als immer wiederkehrendes Element die Struktur des tuberkulösen Granuloms. Auch ihr morphologischer Aufbau entspricht dem der Epitheloidzellen der anderen Wirbeltiere weitgehend. Die von ROULET (1956) gegebene Beschreibung ist durchaus auch für sie zutreffend. ROULET schreibt:

„Die Epitheloidzellen sind als relativ große, plasmareiche, oft polygonale oder langgestreckte Zellen beschrieben worden; ihr Kern ist oval oder eingekerbt, chromatinarm und nicht selten wie gebläht, mit 1—3 Nukleolen. Die Kernmembran ist stets scharf gezeichnet."

Hinsichtlich ihrer Größe bestehen tierartlich nur ganz geringgradige Unterschiede, so daß bei allen untersuchten Kaltblütern fast gleichbleibend Epitheloidzellkern-Durchmesser von 6—8 μ festgestellt werden konnten, die denen der Säuger entsprechen. Eine Ausnahme machen lediglich die Axolotl, deren Epitheloidzellkerne doppelt so groß (13—15 μ) waren. Diese Tatsache erklärt sich jedoch aus der beim Axolotl im Gegensatz zu den anderen Wirbeltieren zu beobachtenden doppelten Kern- und Zellgröße auch aller anderen Gewebszellen. Das Plasma der Epitheloidzellen läßt in seiner Ausdehnung und Struktur entsprechend dem Grad der tuberkulösen Prozesse Unterschiede erkennen, die jedoch nicht als tierartspezifisch angesprochen werden können. Meist erweisen sich die in älteren Tuberkeln anzutreffenden Epitheloidzellen als besonders plasmareich. Stets konnten im Plasma der Epitheloidzellen, genau wie bei der Tuberkulose der anderen Wirbeltiere, säurefeste Stäbchen oder säurefeste Granula festgestellt werden.

Zusammenfassend kann also gesagt werden, daß die im Tuberkel der Kaltblüter auftretenden Epitheloidzellen sowohl in ihrer Art als auch in ihrer Funktion den in den Tuberkeln der Säuger und Vögel anzutreffenden Epitheloidzellen völlig entsprechen.

Die im Verlauf der Tuberkulose des Menschen, der verschiedenen Säugerarten und der Vögel häufig zu beobachtende *Riesenzellbildung* wird oft als spezifisch für das tuberkulöse Granulationsgewebe angesehen. Um einen Vergleich der tuberkulösen Veränderungen vornehmen zu können, muß jedoch darauf hingewiesen werden, daß auch bei der Tuberkulose zahlreicher Säuger, wie z. B. von Hund, Feldhamster, Sumpfbiber u. a., so gut wie niemals eine solche Riesenzellbildung stattfindet. Diesen Befunden entsprechend sind auch die Beobachtungen bei der Tuberkulose der Kaltblüter unterschiedlich. Fische, Frösche und Schlangen ließen, unabhängig von der Art der Infektion, fast niemals eine Riesenzellbildung erkennen.

Einige Ausnahmen sollen bei dieser Betrachtung unberücksichtigt bleiben, zumal die in der Tabelle ebenfalls vermerkten Einzelbeobachtungen meist den Beschreibungen der Literatur entnommen wurden und so nicht mehr nachgeprüft werden können. Die dagegen bei Axolotln, Schildkröten und Eidechsen fast stets beobachtete Riesenzellbildung macht es notwendig, zwischen Riesenzellen vom Langhansschen Typ und Riesenzellen, wie sie bei der Geflügeltuberkulose angetroffen werden, sowie Fremdkörperriesenzellen zu unterscheiden. Die besonders zahlreich bei den Axolotln und Eidechsen und vereinzelt bei den Schildkröten anzutreffenden *Langhansschen Riesenzellen* sind charakterisiert durch die Randständigkeit ihrer Kerne, welche kreisbogenförmig im Außenplasma angeordnet sind. Entsprechend den gleichartigen Riesenzellen des Menschen und einiger Säugetiere konnte auch hier deutlich zwischen einem Ekto- und Endoplasma unterschieden werden. Die Kerne der Riesenzellen erwiesen sich weitgehend gleichartig mit den Kernen der Epitheloidzellen. Größenordnungsmäßig bestehen zwischen den Riesenzellen in den Tuberkeln eines Tieres, genau wie bei den Säugern, erhebliche Unterschiede, jedoch lassen die durch serienmäßige Untersuchungen ermittelten Durchschnittswerte eine weitgehende Übereinstimmung mit den Riesenzellen der Säuger erkennen. So zeigten die Riesenzellen der Schildkröten einen durchschnittlichen Durchmesser von 40—50 μ bei 15—20 Kernen in einem Schnitt. Die Kerngröße variierte zwischen 7 und 8 μ. Fast gleichartig, d. h. 35—45 μ Durchmesser bei 15—18 Kernen im Schnitt und bei einer Kerngröße von 6—7 μ ,waren die Langhansschen Riesenzellen der Eidechsen. Aus den gleichen Gründen, wie bei der Besprechung der Epitheloidzellen bereits angeführt, erwiesen sich die bei den Axolotln angetroffenen Langhansschen Riesenzellen als doppelt so groß wie die der anderen untersuchten Tierarten. Ihr durchschnittlicher Durchmesser schwankte zwischen 90 und 100 μ bei ebenfalls nur 15 bis 20 Kernen in einem Riesenzellschnitt. Die Größe der Riesenzellkerne variierte jedoch genau wie die der Epitheloidzellkerne der Axolotl zwischen 13 und 15 μ. Um die Gleichartigkeit der bei der Tuberkulose einiger Kaltblüter auftretenden Riesenzellen mit denen der bei der Säugertuberkulose beobachteten deutlich zu machen, haben wir bei gleicher Vergrößerung gezeichnete Langhanssche Riesenzellen vom Rind und Pferd denen von Schildkröte, Eidechse und Axolotl gegenübergestellt (Abb. 46). Abschließend bliebe noch zu erwähnen, daß nach entsprechender Bakterienfärbung stets recht zahlreich säurefeste Stäbchen bzw. säurefeste Granula in den Riesenzellen beobachtet werden konnten.

Neben den Langhansschen Riesenzellen fand sich wie auch bei der Tuberkulose des Menschen und der einiger Säugerarten eine weitere Riesenzellform, die derjenigen der *Fremdkörperriesenzelle* sehr ähnlich ist. Bei allen Formen der experimentellen Tuberkulose der Schildkröten sowie nach Verimpfen von abgetöteten bovinen und saprophytären, säurefesten Mykobakterien bei Axolotln konnten wir solche Fremdkörperriesenzellen, wenn auch meist nur in sehr geringer Zahl, antreffen. Die Kerne dieser Riesenzellen lagen wahllos im Zytoplasma und waren meist chromatinreicher und oft kleiner als die der Langhansschen Riesenzellen. Das Zytoplasma ließ keine besondere Differenzierung erkennen. Größenordnungsmäßig entsprach auch diese Riesenzellart denen der Säugetiere, was aus der Gegenüberstellung solcher Fremdkörperriesenzellen aus Tuberkeln von Schildkröte und Schwein zu ersehen ist (Abb. 47). Auch in diesen Riesenzellen fanden sich stets reichlich säurefeste Stäbchen.

Neben diesen beiden Riesenzellarten konnten bei allen experimentellen Schildkrötentuberkuloseformen noch *Riesenzellen* beobachtet werden, wie sie bei der *Geflügeltuberkulose* festgestellt werden. Grundsätzlich wurden diese Riesenzellen nur an der Peripherie der nekrotischen Zentren im Tuberkel ermittelt (siehe Abb. 36). Die ausschließlich länglichen, mit zentral gelagerten Kernen versehenen Riesenzellen wurden stets dicht nebeneinandergelagert angetroffen, wobei sie durch ihre Wirtelstellung eine Art riesenzelliger Abkapselung der Nekrose zum Granulationsgewebe bedingten. Die einzelne Riesenzelle variierte in ihrem Längsdurchmesser zwischen 40 und 60 μ und ließ in einem Schnitt 6—8 Kerne erkennen. Die Kerngröße von 7—8 μ entsprach der üblichen Epitheloidzellkerngröße. Eine Differenzierung des

Zytoplasmas in Endo- und Ektoplasma läßt sich nicht feststellen. Der der Nekrose angelagerte Riesenzellteil wies stets deutliche Degenerationserscheinungen auf, indem hier keine deutlichen Zellgrenzen mehr zu erkennen waren und eine Karyopyknose der Kerne in diesem Bereich begann. Säurefeste Stäbchen fanden sich in ihnen nicht. Die in der Abb. 48 wiedergegebene Riesenzelle einer Schildkröte und die eines Haushuhns sollen die Gleichartigkeit demonstrieren.

Zusammenfassend kann also gesagt werden, daß es bei der Tuberkulose der Kaltblüter, unabhängig von der Art der Erreger bei Axolotln, Schildkröten und Eidechsen, zur Bildung von Riesenzellen kommt. Die anzutreffenden verschiedenartigen Riesenzellen erwiesen sich als völlig gleichartig mit denen, die bei der Säuger- bzw. Vogeltuberkulose auftreten. Das nur ganz vereinzelte Vorkommen oder auch völlige Fehlen von Riesenzellen in den tuberkulösen Veränderungen der Fische, Frösche und Schlangen muß als tierartbedingt angesehen werden und findet auch bei der Tuberkulose von Säugerarten, wie Hunden usw., sein Analogon. Die Untersuchungen bestätigen somit wiederum, daß die Riesenzellbildung nicht für die tuberkulösen Veränderungen allgemein als spezifisch angesehen werden kann.

Die *Lymphocyten und Plasmazellen* spielen bei der Kaltblütertuberkulose nur eine untergeordnete Rolle. Sie treten am Anfang meist zwischen den Epitheloidzellen auf; in älteren Stadien der Entzündung ließ sich aber auch eine am Rande der Herde gelegene Lymphocyteninfiltration nachweisen, so daß Bilder entstanden, wie man sie in der Regel auch beim Warmblüter beobachten kann. Zwischen den einzelnen untersuchten Klassen bestanden hinsichtlich des Auftretens der Lymphocyten keine grundsätzlichen Unterschiede.

Einer besonderen Besprechung bedürfen dagegen die bei der tuberkulösen Entzündung — vor allem der Frösche, Schlangen und Schildkröten — nachweisbaren *eosinophilgranulierten Zellen*. Es handelt sich hierbei um eine Zellart, die auch bei der unspezifischen Entzündung dieser Tierklassen regelmäßig zu beobachten ist. Die Zellen sind offensichtlich nicht mit den eosinophilen Myelocyten der Säuger zu vergleichen. Es hat sich gezeigt, daß diese eosinophilen Zellen scheinbar im retikulären Gewebe der Umgebung entstehen. Leider versagt die Oxydasereaktion bei den niederen Wirbeltieren in der Regel vollkommen. Ein Teil dieser Tiere hat kein Knochenmark, so daß die Bildung der Wanderzellen teils in der Milz, teils in der Leber und der Niere erfolgt. Die typischen neutrophilen Leukocyten stellen phylogenetisch offensichtlich eine sehr späte Erwerbung der Wirbeltiere dar, da die Neutrophilen des Vogels nach SCHERMER Pseudoeosinophile sind, also Zellen, die an Stelle der neutrophilen Granula eosinophilgefärbte Stäbchen enthalten.

Bei Reptilien und Amphibien nimmt die Zahl der Zellen mit eosinophiler Granula laufend zu. Wichtig erscheint es, in diesem Zusammenhang darauf hinzuweisen, daß nach KLIENEBERGER (1927) bei den Anuren (Frösche und Kröten) im Gegensatz zu den Säugern bis zu 26% eosinophile Granulocyten im weißen Blutbild angetroffen werden. Auch bei den Reptilien, deren weißes Blutbild nach ALDER und HUBER (1923) 75% Lymphocyten und Thrombocyten, 10% eosinophile Leukocyten, 10% basophile Leukocyten und nur 5% neutrophile Leukocyten enthält, dürften die eosinophilen Leukocyten sowohl in ihrer Art als auch Funktion nicht mit denen der Säuger vergleichbar sein. Wir möchten deshalb auf die hier erhobenen Befunde lediglich hinweisen, ohne jedoch eine Erklärung zu geben.

Man geht wohl nicht fehl mit der Annahme, daß es sich bei diesen eosinophilgranulierten Zellen um primitive histiogene Wanderzellen handelt, die bei jeder Form der Entzündung auftreten können. Es wäre wenigstens falsch, in diesen Zellen den Ausdruck einer myeloischen Reaktion erblicken zu wollen. Die genannten Zellen unterscheiden sich von echten Myelocyten auch häufig dadurch, daß sie keine gelappten Kerne haben, sondern einen rundlichen oder ovalen oder unregelmäßigen Kern aufweisen.

Die von uns angeführten *Histiocyten bzw. Pigmentzellen* stellen für die entzündlichen Veränderungen bei den Kaltblütern im allgemeinen eine Besonderheit dar und können nicht mit ähnlichen Reaktionen im Verlauf der Tuberkulose der Warmblüter verglichen werden. Ihr Auftreten erklärt sich daraus, daß bei den niederen Wirbeltieren, den Fischen, Amphibien und Reptilien, Pigmentzellen im Körper viel zahlreicher und mannigfaltiger als bei Säugern und Vögeln entwickelt sind. Der Pigmentgehalt der Organe, speziell der Milz und Leber, ist dementsprechend auch besonders hoch. Neben größeren und geringeren Mengen von Hämosiderin kommen vielfach noch melaninhaltige Pigmentzellen vor. Genaue Einzeluntersuchungen fehlen allerdings fast vollständig. Reich (1900) stellt fest, daß bei Rana das honiggelbe bis braune Pigment als ein Derivat des Blutfarbstoffes anzusehen ist. Das ebenfalls auftretende braunschwarze, feinkörnige Pigment zeigt dagegen niemals eine Eisenreaktion. Ähnliche Untersuchungen bei Kröten, Fischen und Salamandern (Okamoto, 1925; Hartmann, 1926; Nakajima, 1928) bestätigen ebenfalls das Vorkommen beider Arten des Pigments sowie das gelegentliche Auftreten beider Pigmentarten in der gleichen Zelle. Ob das braunschwarze, feinkörnige Pigment zum Melanin oder Lipofuchsin gehört, konnte nicht sicher geklärt werden. Meist fand sich die letztgenannte Pigmentart dicht angehäuft in rundlichen Zellen, die keine so starke Verästelung erkennen ließen wie die Melanophoren des Bindegewebes. Da die Pigmentzellen auch teilweise eine Carminspeicherung aufwiesen, rechnet man sie den Histiocyten zu. Das gelbbraune, grob- bis feinschollige Hämosiderin findet sich dagegen sowohl in den großen freien Makrophagen als auch in den Reticulumzellen ganz unregelmäßig verteilt. Auf Grund dieses schon normalerweise gehäuften Vorkommens von phagozytierenden Pigmentzellen im Organismus der Kaltblüter erscheint ihr Auftreten auch im tuberkulösen Granulationsgewebe durchaus verständlich. Im Plasma der im Tuberkel anzutreffenden Pigmentzellen konnten wir auch häufig säurefeste Stäbchen ermitteln, so daß wir sie als eine histiozytäre Zellreaktion im Ablauf der Kaltblütertuberkulose ansprechen möchten. Wir konnten häufig beobachten, daß diese melaninhaltigen Zellen alle Übergänge zu epitheloiden Zellen mit phagozytierten Bakterien aufwiesen. Wenn es beim Säuger noch gelegentlich umstritten ist, ob die Epitheloidzellen aus den ortsansässigen Reticuloendothelien hervorgehen, dann läßt sich das bei den Kaltblütern häufig durch den Melaningehalt der Zellen ganz einwandfrei nachweisen. Auch hier zeigt sich wieder der Übergang von der unspezifischen zur spezifischen Entzündung wesentlich deutlicher als beim Warmblüter.

Nekrotisierende Vorgänge im tuberkulösen Granulationsgewebe konnten bei fast allen Tuberkulosen der Kaltblüter beobachtet werden. Eine Ausnahme machten lediglich die experimentellen Tuberkulosen der Axolotl, bei denen bis auf einzelne geringgradige nekrobiotische Vorgänge keine ausgedehnten Nekrosen festzustellen waren. Der ebenfalls in der Tabelle 20 verzeichnete negative Befund im Verlauf der experimentellen Schlangentuberkulose nach Verimpfung humaner und boviner Erreger wird wahrscheinlich auf die nur kurzfristige Versuchsdauer (6 Wochen) zurückzuführen und somit hier für den Vergleich nicht verwertbar sein. Wir haben bewußt in unseren Ausführungen vermieden, die Bezeichnung „Verkäsung" zu verwenden, da — wie schon eingangs erwähnt — die nekrotischen Massen in den Tuberkeln der Kaltblüter niemals eine der im Verlauf der menschlichen Tuberkulose zu beobachtende käsige Beschaffenheit erkennen ließen. Darüber hinaus scheint es erforderlich, vor einer solchen Gleichsetzung der Nekrose mit der Verkäsung auch die nekrotischen Veränderungen der Kaltblüter einer genauen Untersuchung zu unterziehen. Diese Aufgabe konnte jedoch im Rahmen unserer Arbeit nicht mit gelöst werden, da umfassende chemisch-physiologische Untersuchungen hierzu erforderlich wären. Es mag nur erwähnt werden, daß die eigentümliche Art des Gewebetodes der Tuberkel, den man käsige Nekrose oder Verkäsung nennt, beim Menschen und bei einigen Säugern noch so ungeklärt ist, daß Letterer (1951) in der „Allgemeinen Pathologie der Tuberkulose" schreibt:

> „So millionenfach wie sie beobachtet ist, so ungeklärt ist die Art und Entstehungsweise der Verkäsung noch heute."

Verschiedenste Ansichten stehen sich gegenüber. HUEBSCHMANN (1956) bestreitet z. B. die Verkäsung produktiven Gewebes. Nach seiner Ansicht ist die Verkäsung eine ausschließliche Funktion des exsudativen Stadiums. PAGEL (1928) sieht das Besondere der käsigen Nekrose in der Ablagerung eines homogenen, hyalinen Stoffes und glaubt — entsprechend der LOESCHKEschen Auffassung — an einen der Amyloidbildung analogen hyperergischen Prozeß. Nach KALLOS (1935) führen autoallergische Vorgänge gegen zerfallenes körpereigenes Gewebe zur Verkäsung. WURM (1943) unterscheidet dagegen auch hinsichtlich ihrer Entstehung zwischen der protrahierten sekundären Verkäsung und der rasch auftretenden primären Gewebsnekrose. Diese hier nur kurz erwähnten Arbeiten könnten durch zahlreiche weitere Untersuchungen über Kalziumphosphat- und Kalziumkarbonatgehalt sowie über Fermentgehalt, durch Bestimmungen über die Anwesenheit basischer Aminosäuren und durch Histone zahlreicher anderer Untersucher ergänzt werden. Wir möchten hierzu auf ROULET (1956) verweisen. Da bisher keine entsprechenden Untersuchungen an den Nekrosen der Ktb.-Veränderungen vorgenommen wurden, ist ein Vergleich nicht möglich. Es könnte lediglich herausgestellt werden, daß die für den Beginn der Verkäsung beim Säuger typische degenerative Verfettung von uns niemals bei der Kaltblütertuberkulose beobachtet werden konnte. Im Rahmen der von uns durchgeführten histologischen Untersuchungen zeigte sich lediglich, daß im Verlauf der Fischtuberkulose, die Nekrosen häufig eine ringförmige Schichtung erkennen ließen, deren Entstehung auf die mehrmalige bindegewebige Abgrenzung der Nekrose im Verlauf der Tuberkulose zurückzuführen ist. Daneben konnten wir in frisch nekrotisierenden Tuberkeln zum Teil zahlreich Kerntrümmer erkennen. Gelegentlich wurden in den nekrotischen Massen dichtgelagerte Pigmentgranula festgestellt, die offensichtlich Überreste zugrunde gegangener Pigmentzellen darstellten. Die nekrotischen Veränderungen der Froschtuberkulose zeigten meist ein recht homogenes Aussehen, wobei wiederum in frischen Prozessen noch deutlich Kerntrümmerreste nachzuweisen waren. Bei der Schlangentuberkulose trat stets eine starke Eosinophilie im Bereich der nekrotischen Massen hervor. Auch hier konnten, wie bei der Nekrose der Fischtuberkulose, ringförmige Schichtungen beobachtet werden, die auf eine schubweise einsetzende Nekrose zurückzuführen sind. Daneben fanden sich häufig eingelagerte Pigmentkörnchen und vereinzelt Kerntrümmerreste. Die Nekrosen der Schildkrötentuberkulose waren ebenfalls stets sehr stark eosinophil und zeigten in den meisten Fällen noch deutliche Kernumrisse sowie zum Teil erhaltene eosinophile Granula von den mit zugrunde gegangenen eosinophilen Granulocyten. An dieser Stelle mag auch noch darauf hingewiesen werden, daß in den nekrotischen Massen der Schildkröten wie auch in denen anderer Kaltblüter herdförmige Anhäufungen von säurefesten Erregern sowohl im Zentrum als auch an der Peripherie angetroffen wurden. In Anlehnung an die für die Verkäsung beim Menschen und Säuger bestehende Auffassung einer unterschiedlichen Entstehungsart möchten wir annehmen, daß es sich bei den nekrotischen Veränderungen im Verlauf der experimentellen Kaltblütertuberkulose der Eidechsen um eine rasch eintretende primäre Gewebsnekrose gehandelt hat, die die wesentlichen Merkmale einer allergisch-hyperergischen Reaktion aufwies. Die hier anzutreffenden Veränderungen bestanden ausschließlich aus karyopyknotischen und karyorrhektischen Kernen, die in einer homogenen, stark eosingefärbten Masse gelagert waren. Demgegenüber zeigten die nekrotischen Veränderungen in den Tuberkeln nach Verimpfung von Warmblütertuberkulose bei Eidechsen ein fast gleichartiges Aussehen wie die im Verlauf der Schildkrötentuberkulose.

Über die ursächlichen Faktoren bei der Ausbildung der tuberkulösen Nekrose der Kaltblüter kann auf Grund der noch fehlenden Untersuchungen zur Zeit noch nichts ausgesagt werden. Es bleibt somit abschließend nur festzustellen, daß im Ablauf der Tuberkulose der Kaltblüter unabhängig von der Art des Erregertyps nekrotische Gewebsveränderungen im Tuberkel auftreten, die jedoch nicht ohne weiteres den Verkäsungen der menschlichen Tuberkulose und denen der übrigen Säuger und Vögel gleichzusetzen sind.

Verkalkungen konnten in den Tuberkeln der Kaltblüter so gut wie niemals festgestellt werden. Lediglich in einem Ausnahmefall bei einer bovininfizierten Eidechse zeigte sich eine feinkörnige Kalkablagerung im Zentrum eines nekrotischen Lungentuberkels. Die Tatsache, daß selbst nach einjähriger Versuchsdauer (z. B. bei Schildkröten) bei den von uns untersuchten Tuberkulosen der Kaltblüter keine Verkalkungen beobachtet werden konnten, steht im krassen Gegensatz zu den häufig auftretenden Verkalkungsprozessen in älteren Tuberkulosen der Säuger. Eine Erklärung dieser Feststellung erfordert jedoch noch eingehende Untersuchungen, so daß wir uns auch hier lediglich auf die Wiedergabe des erhobenen Befundes beschränken müssen. Leider wissen wir über den Kalkstoffwechsel und seine Störungen bei Kaltblütern so gut wie gar nichts. Es dürften hier wohl besondere im Ionismus des Kaltblüterorganismus begründete Verhältnisse vorliegen, auf die das Fehlen von Kalkablagerungen im abgestorbenen Gewebe zurückzuführen ist. Bei den zahlreichen von uns durchgeführten Kaltblütersektionen haben wir auch bei anderen Erkrankungen praktisch niemals eine Verkalkung abgestorbenen Gewebes oder abgestorbener Parasiten nachweisen können. Im übrigen ist auch bei Säugetieren die Verkalkung des tuberkulösen veränderten Gewebes sehr wechselnd, worauf ich bereits in einer früheren Arbeit hingewiesen habe (Ippen, 1956, B).

Die bisher durchgeführten Untersuchungen über eine *Gitterfaserneubildung* im Tuberkel sind leider recht unvollständig, da sie nur an eigenem Material durchgeführt wurden und entsprechende Literaturangaben fehlen. Es zeigte sich dabei jedoch, daß in allen Fällen, in denen es zu einer Epitheloidzellbildung kam, auch eine Gitterfaserneubildung beobachtet werden konnte. Diese Feststellung deckt sich somit durchaus mit den von Fresen (1950) bei der Tuberkulose der Menschen und einiger Säuger erhobenen Befunden. Fresen stellte nämlich fest, daß die Ausbildung der Gitterfasern an die Epitheloidzellen gebunden ist und daß diese Zellen als Bildungszellen des tuberkeleigenen Gitterfasernetzes anzusehen sind. Die Struktur der Gitterfasergerüste der von uns untersuchten verschiedenen Tierarten erwies sich als weitgehend gleichartig und den Beobachtungen bei der Säugertuberkulose entsprechend, so daß wir nicht im einzelnen darauf einzugehen brauchen.

Die Neubildung *kollagenen Bindegewebes* tritt gegenüber der Gitterfaserneubildung bei den Kaltblütern zeitlich wesentlich später ein. Lediglich bei Fischen konnten schon sehr frühzeitig Abgrenzungen der tuberkulösen Herde durch ein- und mehrschichtiges Bindegewebe ermittelt werden. Das gleiche war bei der Froschtuberkulose der Fall. Die Tendenz zur bindegewebigen Abkapselung tritt zwar bei den Kaltblütern später ein als bei den Warmblütern, ist dann aber stärker ausgeprägt als bei den Warmblütern. Hieraus erklärt sich vielleicht die Tatsache, daß die Ausbreitung der tuberkulösen Entzündung im Kaltblüterorganismus offensichtlich langsamer vor sich geht als beim Warmblüter. Eine Ausnahme machen in dieser Beziehung lediglich die Eidechsen. Versucht man den Ursprung dieser peripher an Tuberkeln sich ausbildenden Bindegewebszellen zu ergründen, so kann wohl mit Recht angenommen werden, daß die fibröse Abkapselung ihren Ausgang von den peripher gelegenen Epitheloidzellen nimmt. Daneben kommt es aber auch zur Ausbildung einer aus dem ortsständigen Gewebe stammenden unspezifischen Bindegewebskapsel. Aus verschiedenen Bildern der von uns untersuchten Tuberkulose der einzelnen Kaltblüterarten läßt sich unschwer entnehmen, daß die Abkapselungsvorgänge mit den bei den Säugern zu beobachtenden übereinstimmen. Die Epitheloidzellen bilden einen fibrösen, alsbald aber hyalinisierenden Faserring, der — besonders bei der Tuberkulose der Schildkröten — in seinem optischen und strukturellen Verhalten von der aus dem ortsständigen Gewebe stammenden Faserschicht zu unterscheiden ist. In den miliaren Herden überwiegen jedoch die von den Epitheloidzellen ausgehenden fibrösen Abgrenzungsvorgänge bei allen erwähnten Tierarten.

Die Umwandlung der Tuberkel in dichte faserige Narben konnten wir nur in Einzelfällen bei human- und bovininfizierten Axolotln sowie einmal bei einer spontanen Schlangentuberkulose feststellen. Gleichartig wie bei den Säugern wurden dabei an den zelligen Bestandteilen des Tuberkels Formveränderungen deutlich, besonders an den Epitheloidzellen, welche spindelförmig erschienen und sich zu dichten Zellformationen aneinanderlagerten. Das Fasergerüst nahm allmählich an Dichte zu, und es kam zu einer Hyalinisierung des gesamten Tuberkels. Diese Einzelbeobachtungen lassen jedoch noch keine endgültige Aussage über narbige Abheilungen tuberkulöser Veränderungen bei Kaltblütern zu, da hierzu Versuche über einen weit längeren Zeitraum erforderlich wären.

Zum Abschluß dieser vergleichenden Betrachtungen über den morphologischen Aufbau der Tuberkel der Kaltblüter erscheint es angezeigt, noch besonders auf die *Zahl der säurefesten Erreger* einzugehen. Im Gegensatz zu gleichartigen Untersuchungen bei Säugern, wo es oft sehr schwer ist, im histologischen Schnitt Tb.-Bakterien nachzuweisen, konnten bei den Kaltblütern fast immer sehr reichlich säurefeste Stäbchen im histologischen Präparat der Tuberkel festgesellt werden. Lediglich bei allen Formen der Tuberkulose des Axolotls traten die Tb.-Bakterien nur vereinzelt, dann aber stets in den Epitheloid- und Riesenzellen gelagert auf. Besonders zahlreich zeigten sich säurefeste Stäbchen in den tuberkulösen Veränderungen der Spontantuberkulosen. Meist waren hier die säurefesten Erreger derart zahlreich, daß sie nach durchgeführter Ziehl-Neelsen-Färbung schon mit dem schwachen Trockensystem ermittelt werden konnten. Dieser für die Spontantuberkulose beschriebene Befund gilt in gleicher Weise auch für die Tuberkulosen nach Verimpfung von Ktb.-Erregern. Nach Infektionen von Wtb.-Bakterien konnten bei Fischen, Schlangen und Eidechsen ebenfalls sehr zahlreich säurefeste Stäbchen in den Tuberkeln festgestellt werden. Demgegenüber zeigten sich nach gleichartigen Versuchen an Fröschen und Schildkröten weit weniger säurefeste Erreger in den Tuberkeln. Insgesamt gesehen kann jedoch gesagt werden, daß der Nachweis säurefester Stäbchen in den tuberkulösen Veränderungen der Kaltblüter, gleichgültig welchen Ursprungs, weit leichter möglich ist als bei den Tuberkulosen der Säugetiere. Worauf der besonders durch Ktb.-Erreger bedingte hohe Gehalt des Tuberkels an säurefesten Erregern zurückzuführen ist, kann auf Grund unserer Untersuchungen nicht gesagt werden. Interessant erscheint jedoch die Feststellung, daß bei Fischen, Schlangen und Eidechsen auch nach Verimpfung von verhältnismäßig geringen Dosen der Wtb.-Bakterien in den Tuberkeln nach Versuchsabschluß massenhaft säurefeste Erreger wieder nachgewiesen werden konnten. Dies spricht dafür, daß es durchaus auch im Organismus des Kaltblüters zu einer Vermehrung der Wtb.-Erreger kommt.

Bei der Tuberkulose der Säugetiere kann man ferner häufig eine *degenerative Verfettung* beim Untergang der Epitheloidzellen nachweisen. Im Gegensatz hierzu konnten wir bei Kaltblütern lediglich eine geringgradige feintropfige Fettinfiltration — häufig überhaupt keine Fetteinlagerung — beobachten. Auch dort, wo in den Epitheloidzellen im Hämatoxylin-Eosin-Schnitt ungefärbte Vakuolen nachweisbar waren, fiel die Fettfärbung negativ aus. Der Zerfall der Epitheloidzellen dürfte daher bei den Kaltblütern lediglich in Form einer parenchymatösen oder vakuolären Degeneration vor sich gehen. Dadurch unterscheidet sich die Kaltblütertuberkulose ganz wesentlich von der Säugetiertuberkulose.

Während innerhalb der tuberkulösen Herde eine stärkere Verfettung stets fehlte, konnte man dagegen in dem benachbarten unveränderten Organparenchym vielfach eine stärkere Verfettung nachweisen. Diese Befunde stimmen mit ähnlichen Beobachtungen bei der Tuberkulose des Menschen wieder weitgehend überein. Ich möchte besonders auf die Mitteilungen von Kuntz (1960) verweisen, der diese perifokalen Leberverfettungen als unspezifische Leberveränderungen im Verlauf der Tuberkulose deutet und in ihnen eine toxische Leberzellverfettung (Hepatose) erblickt. Bei unseren noch unbefriedigenden Kenntnissen über den normalen Fettgehalt der Leberzellen bei Kaltblütern in den verschiedenen Jahreszeiten läßt sich allerdings die Frage, inwieweit es sich bei diesen Fetteinlagerungen um physiologische oder um pathologische Vorgänge handelt, nur schwer entscheiden. Die für den Menschen herangezogenen Erklärungen, wie Alkoholgenuß, Fehlernährung oder Anwendung besonderer

Medikamente, dürften für die perifokale Leberverfettung der Kaltblüter auszuschließen sein. Auch die beim Menschen aufgeworfene Frage, inwieweit Toxine der Tuberkulosebakterien oder körpereigene Eiweißzerfallsprodukte als Ursache dieser Verfettungen in Betracht gezogen werden können, wird sich für die Tuberkulose der Kaltblüter zur Zeit wohl noch nicht klären lassen.

Zusammenfassung

Die sogenannte Kaltblütertuberkulose muß vom Standpunkt der vergleichenden Pathologie aus als echte tuberkulöse Entzündung bezeichnet werden.

Die Erreger der Kaltblütertuberkulose unterscheiden sich zwar in ihrem biologischen und kulturellen Verhalten von den Erregern der Warmblütertuberkulose, jedoch konnte nachgewiesen werden, daß die durch die Ktb.-Bakterien im Organismus der wechselwarmen Tiere hervorgerufenen Veränderungen in ihrem Wesen grundsätzlich mit den bei der Tuberkulose der Warmblüter auftretenden Veränderungen übereinstimmen und daß man auch bei Kaltblütern durch Verimpfung von Wtb.-Bakterien die gleichen Veränderungen wie nach Verimpfung von Ktb.-Bakterien hervorrufen kann.

Als Infektionsweg bei der Spontantuberkulose kommt beim Kaltblüter ausschließlich die alimentäre Infektion in Betracht. Eine kongenitale Tuberkulose kann infolge der Entwicklung der Kaltblüter ausgeschlossen werden. Eine germinative Infektion ist zwar denkbar, bisher aber noch nicht mit Sicherheit nachgewiesen.

Bei allen Kaltblütern ist die fast ausschließliche Erscheinungsform der tuberkulösen Entzündung der Tuberkel. Bei einer regionalen Metastasenbildung kommt es auch zur Ausbildung von Konglomerattuberkeln. Eine generalisierte Miliartuberkulose kann sich sowohl auf lymphogenem als auch auf hämatogenem Wege ausbilden. Eine primär verkäsende Form der tuberkulösen Entzündung, wie man sie beim Menschen und beim Rind findet, konnte bei den Kaltblütern nur bei der Eidechse nach intraperitonealer Injektion von Ktb.-Bakterien nachgewiesen werden.

Sitz der tuberkulösen Veränderungen sind beim Kaltblüter vorwiegend Leber, Milz, Nieren und seröse Häute. Die Lunge spielt beim Kaltblüter als Sitz tuberkulöser Veränderungen keine Rolle.

Es zeigt sich, daß bei der Tuberkulose der Kaltblüter gewisse morphologische Veränderungen mit denen der Warmblütertuberkulose weitgehend übereinstimmen, während andere Erscheinungen nur ausnahmsweise oder gar nicht nachweisbar sind. Das Gemeinsame bei der Tuberkulose aller Wirbeltiere ist, daß es sich um eine chronische Entzündung handelt, bei der protoplasmareiche, von den Reticuloendothelien abstammende Zellen, die Epitheloidzellen, auftreten und daß als Exsudatzellen vorwiegend Lymphocyten nachweisbar sind. In den tuberkulösen Entzündungsherden kommt es auch bei den Kaltblütern zur Neubildung von Gitterfasern und an der Peripherie zur Ausbildung einer bindegewebigen Abkapselung. Als weiterer allen Wirbeltieren gemeinsamer Vorgang ist der zentrale Zerfall der tuberkulösen Entzündungsherde anzuführen. Die epitheloidzellige Reaktion, die lymphozytäre Reaktion und die fibrilläre Reaktion sowie die zentrale Nekrose dürften mithin zu den phylogenetisch ältesten Erscheinungen der Wirbeltiertuberkulose gehören.

Die weiteren beim Säuger charakteristischen Erscheinungen der tuberkulösen Entzündung sind bei den Kaltblütern entweder gar nicht oder nur bei einzelnen Klassen derselben nachweisbar. Hierzu gehört die Riesenzellbildung. Somit kann die Bildung Langhansscher Riesenzellen oder der Fremdkörperriesenzellen vom Bild der beim Vogel auftretenden Riesenzellen nicht als Grundeigenschaft der tuberkulösen Entzündung angesprochen werden. Ein weiterer Unterschied gegenüber der Säugetiertuberkulose besteht im Fehlen der Verkalkungsvorgänge, die vom Vogel an abwärts praktisch nicht mehr bei der tuberkulösen Entzündung auftreten. Ferner unterscheidet sich die Kaltblütertuberkulose fast stets durch die sehr große Zahl der Erreger innerhalb der Entzündungsherde von der Warmblütertuberkulose.

Die Tuberkulose der Kaltblüter ähnelt in manchen Punkten den Entzündungen, die durch andere säurefeste Mykobakterien, wie die Erreger der Lepra, der Paratuberkulose und die säurefesten Wasserbakterien, bei Kaltblütern hervorgerufen werden.

Literaturverzeichnis

ALDER, A., u. HUBER, E., Untersuchungen über Blutzellen und Zellbildung bei Amphibien und Reptilien. Fol. haemat. (Lpzg.) **29**, 1—22, 1923.

ALEXANDER, D. M., A review of piscine tubercle, with a description of an acid-fast bacillus found in the cod. Lancashire Sea Fish. Lab. Rep. **21**, 43—49, 1912. Auch in: Liverpool Biol. Soc. **27**, 219—225, 1912/13.

ALLEGRI, N., Della cura e della unità della tuberculosi umana et animale. Lavori dei congr. di med. interna. XIII. congr. Padova, 1903. Ref. in: Zbl. Bakt. — Abt. II, Ref. 26, 620, 1905.

ARONSON, J. D., Spontaneous tuberculosis in salt water fish. J. Infect. Dis. **39**, 315—320, 1926.

ARONSON, J. D., Spontaneous tuberculosis in snakes. N. Sp. mycobacterium thamnopheos. J. Infect. Dis. **44**, 215—223, 1929.

ARONSON, J. D., Tuberculosis and leprosy. The mycobacterial diseases. Amer. Assoc. Adv. Science, Symp. Ser. **1**, 80—86, 1938.

AUCHÉ, M. M., et HOOBS, J., De la non-multiplication du bacille tuberculeux humain où aviaire, chez la grenouille, a la température ordinaire. Compt. rend. Soc. Biol. **51**, 825—826, 1899.

AUCHÉ, M. M., et HOBBS, J., Action de la tuberculose monte injectée dans la cavité péritonéale des grenouilles. Compt. rend. Soc. Biol. **49**, 929, 1897.

BAKER, J. A., and HAGAN, W. A., Tuberculosis of the Mexican platyfish (Platypoecilus maculatus). J. Infect. Dis. **70**, 248—252, 1942.

BARLOCCO e COGGIA, La tuberculosi dei vertebrati a sangue freddo ed i suoi rapporti coll'immunizzazione antitubercolare dei vertebrati a sangue freddo. Ref. in: Zbl. Bakt. — Abt. I, Ref. **38**, 339—340, 1906.

BATAILLON, E., DUBARD et TERRE, L., Un nouveau type de tuberculose. Compt. rend. Soc. Biol. **49**, 446—449, 1897.

BATAILLON, E., et TERRE, L., La forme saprophytique de la tuberculose humaine et de la tuberculose aviaire. Compt. rend. Acad. Sc. **124**, 1399, 1897.

BAUMGARTEN, P., Über das Verhältnis von Perlsucht und Tuberkulose. Berliner klin. Wschr. **17**, 697 bis 699 u. 713—715, 1880.

BAUMGARTEN, P., Tuberkelbakterien. Zbl. med. Wiss. **20**, 257—259, 1882.

BERTARELLI, E., Einige Untersuchungen über die Tuberkulose der Reptilien. Zbl. Bakt. — Abt. I, Orig. **38**, 403—413, 1905.

BERTARELLI, E., u. BOCCHIA, J., Neue Untersuchungen über die Tuberkulose der Kaltblüter. Zbl. Bakt. — Abt. I, Orig. **54**, 385—393, 1910.

BESSE, P., Epizootie à bacilles acido-résistants chez des poissons exotiques. Bull. Acad. Vét. France **22**, 151—154, 1949.

BETEGH, L. v., Beiträge zur Tuberkulose der Meeresfische. Zbl. Bakt. — Abt. I, Orig. **53**, 374—377, 1910, A.

BETEGH, L. v., Weitere Beiträge zur experimentellen Tuberkulose der Meeresfische, nebst Studien über die Transmutationsfrage der Warmblütertuberkulosebacillen: II. Mitteilung. Zbl. Bakt. — Abt. I, Orig. **54**, 211—215, 1910, B.

BETEGH, L. v., Vergleichende Untersuchungen über die Tuberkuloseerreger der Kaltblüter. Zbl. Bakt. — Abt. I, Orig. **58**, 3—14, 1911, A.

BETEGH, L. v., Studien über experimentelle Tuberkulose der Meeresfische. Zbl. Bakt. — Abt. I, Orig. **58**, 495—504, 1911, B.

BOLLINGER, O., Über Impf- und Fütterungstuberkulose. Arch. exper. Path. Pharmak. **1**, 376—380, 1873.

COHN, L., Zur Frage der Umwandlung der menschlichen Tuberkelbazillen im Organismus des Frosches. Inaug. Diss. Freiburg i. Br., 1906.

COHNHEIM, J., u. SALOMONSEN, C. J., Sitzungsber. Schles. Gesellsch. für vaterländische Kultur **13**, 7, 1877.

Combemale, Les poissons peuvent-ils être des intermédiaires dans la transmission de la tuberculose? Rev. tbc. (Paris) **1**, 218–222, 1893.

Couret et Maurice, J. exper. med. **13**, 546, 1911.

Despeignes, V., De la tuberculose expérimentale chez les animaux vertébrés dits a sang froid. Et. exper. clin. tbc. **3**, 31–81, 1892.

Dieudonné, A., Über Anpassung der Säugetier-Tuberkelbacillen an den Kaltblüter-Organismus. S.ber. Physik.-Med. Ges. Würzburg, 1902, S. 80.

Dieudonné, A., Weitere Mitteilung über die Anpassung von Säugetiertuberkelbazillen an Kaltblüter. Münch. med. Wschr. **50**, 2282, 1903.

Dubard, Transformation de la tuberculose humaine par le passage sur les animaux à sang froid. Bull. Acad. méd. (Paris) **38**, 580, 1897.

Dubos, R. J., and Middlebrook, G., Cytochemical reaction of virulent tubercle bacilli. Amer. Rev. Tbc. **58**, 698, 1948.

Duijn, C. van, Diseases of fishes (13): tuberculosis diseases in all fishes. Water life **6**, 69, 1951.

Eber, A., Die Tuberkulose der Tiere. Bericht über die Jahre 1905–1914. Erg. allg. Path. II, **18**, 1–371, 1917.

Eber, R., Beitrag zur Histologie und Histogenese der spontanen Lebertuberkulose des Huhnes. Zschr. Inf.krkh. Haustiere **28**, 130–149, 1925.

Eber, R., Ein Beitrag zur Empfänglichkeit der Hühner und Tauben für Säugetierbazillen. Zschr. Inf.krkh. Haustiere **33**, 59–67, 1928.

Eber, R., Sind Kanarienvögel für Säugetierbazillen (Typus humanus und Typus bovinus) empfänglich? Zschr. Inf.krkh. Haustiere **35**, 197–206, 1928.

Eicke, W., Zur Frage der Verwendbarkeit des syrischen Goldhamsters (Mesocricetus auratus) als Versuchstier. Zbl. Bakt. — Abt. I, Orig. **158**, 114–120, 1952.

Feldman, W. H., Avian tuberculosis infections. Baltimore: Williams & Wilkins, 1938.

Fox, H., Diseases in captive wild mammals and birds. Philadelphia (usw.): Lippincott, 1923.

Francis, J., Tuberculosis in animals and man. London: Cassell, 1958.

Fresen, O., Untersuchungen zur Struktur und Genese des Tuberkels als Beitrag zur tuberkulösen Entzündung. Virchows Arch. path. Anat. **317**, 491–546, 1950.

Freymuth, Über das Verhalten des Grasbacillus II (Moeller) im Kaltblüterorganismus. Zbl. Bakt.— Abt. I, Orig. **29**, 530–531, 1901.

Friedmann, F. F., Spontane Lungentuberkulose mit großer Kaverne bei einer Wasserschildkröte (Chelone corticata). Dtsch. med. Wschr. **29**, 25–26, 1903, A.

Friedmann, F. F., Der Schildkrötentuberkelbazillus, seine Züchtung, Biologie und Pathogenität. Zbl. Bakt. — Abt. I, Orig. **34**, 647–658 u. 793–804, 1903, B.

Friedmann, F. F., Spontane Lungentuberkulose bei Schildkröten und die Stellung des Tuberkelbazillus im System. Mit einer Übersicht über die Lehre von der Kaltblütertuberkulose. Zschr. Tbk. (Lpzg) **4**, 439–457, 1903, C.

Fuchs, C. J., Pathologische Anatomie der Haussäugetiere. Leipzig: Veit, 1859.

Galli-Valerio, B., Über einen Fall von Tuberkulose des Lämmergeiers (gypaëtus barbatus Linn.) nebst Bemerkungen über einige Mallophagen dieses Vogels. Schweiz. Arch. Tierhk. **63**, 226–229, 1921.

Gerlach, A., Die Übertragbarkeit der Perlsucht durch Impfung und Fütterung. Jber. d. Thierarzneischule zu Hannover, 2. Aufl., 1869, 133–151.

Gibbes, H., and Shurly, E. L., An investigation into the etiology of phthisis. Amer. J. Med. Sc. **100**, 145–152, 1890.

Gordon, R., in: Bergey's manual of determinative bacteriology. Baltimore: Williams & Wilkins, 1957, S. 695–707.

Gottstein, E., Das Verhalten des Tuberkelbacillus im Kaltblüterorganismus. Hyg. Rdsch. (Berl.) **15**, 281–283, 1905.

Griffith, A. S., Tuberculosis in captive wild animals. J. Hyg. (London) **28**, 198–218, 1928, A.

Griffith, A. S., Tuberculosis of the domesticatea species of animals. J. comp. path. (London) **41**, 53–75 u. 109–122, 1928, B.

Griffith, A. S., Tuberculosis in cold-blooded animals. In: A system of bacteriology in relation to medicine. Med. Res. Counc. **5**. London: H. M. S. O., 1930, A. 326–332. In: Wood, J. W., and Ordal, E. J., Tuberculosis in pacific salmon and steelhead trout. Fish Com. of Oregon, Contr. No. **25**, 1958, S. 37.

Griffith, A. S., Spontaneous tuberculosis in the guineapig. J. path. bact. **33**, 153, 1930, B.

Griffith, A. S., The susceptibility of the water (or grass) snake (trepidonotus natrix) to the avian tubercle bacillus and to reptilian strains of acid-fast bacilli. J. Hyg. (London) **41**, 284–289, 1941.

Gurlt, E. F., Lehrbuch der pathologischen Anatomie der Haus-Säugetiere. Berlin: Reimer, 1831.

HANSEMANN, v., Über säurefeste Bacillen bei Python reticularis. Zbl. Bakt. — Abt. I, Orig. **34**, 212—213, 1903.

HARTMANN, A., Über den feineren Bau bei urodelen Amphibien (Axolotl). Zbl. Anat. **80**, 454, 1926.

HAUBNER, G. C., Die inneren und äußeren Krankheiten der landwirtschaftlichen Haussäugetiere, 4. Aufl., Anclam: Dietze, 1862.

HERING, E., Specielle Pathologie und Therapie für Thierärzte. Stuttgart: Ebner & Seubert, 1849.

HERR, E., Ein Beitrag zum Verhalten der Tuberkelbazillen bei Überimpfung auf Blindschleichen. Zschr. Hyg. (Lpzg). **38**, 198—200, 1901.

HERZOG, H., Zur Tuberkulose im Kaltblüterorganismus. Zbl. Bakt. — Abt. I, Orig. **31**, 78—85, 1902.

HERZOG, H., Die Abschwächung der Säugetiertuberkulosebazillen in Kaltblüterorganismen. Zbl. Bakt. — Abt. I, Orig. **34**, 535—539 u. 675—685, 1903.

HORMANN, u. MORGENROTH, J., Über Fütterung von Fischen mit tuberkelbazillenhaltiger Nahrung. Hyg. Rdsch. (Berl.) **9**, 857—859, 1899.

HUEBSCHMANN, P., Die pathogenetischen und pathologisch-anatomischen Grundlagen der menschlichen Tuberkulose. Stuttgart: Hippokrates, 1956.

HUSSEL, L., Über die Eignung des Goldhamsters als Versuchstier bei der Tuberkulose-Diagnostik. Zbl. Bakt. — Abt. I, Orig. **156**, 445—450, 1951.

HUSSEL, L., Über den Gehalt tuberkulösen Gewebes an Mycobacterium tuberculosis. Arch. exper. Vet. med. **7**, 118—129, 1953.

IPPEN, R., Zur vergleichenden Pathologie der Langhansschen Riesenzelle im tuberkulösen Granulationsgewebe. Mhefte Vet.med. **11**, 217—224, 1956, A.

IPPEN, R., Zur vergleichenden Pathologie der Verkalkungen im tuberkulösen Granulationsgewebe. Zbl. allg. Path. **96**, 71—83, 1956, B.

IPPEN, R., Zur vergleichenden Pathologie der Faserbildung im tuberkulösen Granulationsgewebe. Beitr. Klin. Tbk. **117**, 514—528, 1957.

IPPEN, R., Zur vergleichenden Pathologie der Tuberkulose. Die Tuberkulose des Igels. Beitr. Klin. Tbk. **119**, 259—271, 1958.

JAHNEL, J., Spontaninfektionen mit säurefesten Stäbchen bei Fischen. Wien. tierärztl. Mschr. **27**, 289 bis 302, 1940, A.

JAHNEL, J., Die Fischtuberkulose. Wochenschr. f. Aquarien- und Terrarienkd. **37**, 317—321, 1940, B.

JOHNE, A., Die Geschichte der Tuberkulose mit besonderer Berücksichtigung der Tuberkulose des Rindes und die sich hieranknüpfenden medicinal- und veterinärpolizeilichen Consequenzen. Dtsch. Zschr. Tiermed. **9**, 1—88, 1883.

JOHNSTONE, J., Diseased conditions of fishes. Tubercular lesions in a cod (gadus callarias). Transact. Liverpool Biol. Soc. **27**, 196—201, 1912.

JOHNSTONE, J., Diseased conditions in fishes. Tuberculosis in a halibut. Transact. Liverpool Biol. Soc. **41**, 162—163, 1926.

KALLOS, P., u. KALLOS-DEFFNER, L., Tuberkuloseallergie. Erg. Hyg. **17**, 76, 1935.

KINDINGER, H., Tuberkulose beim Wild in freier Wildbahn. Vet.-med. Diss. Gießen 1934.

KITT, TH., Impftuberkulose eines Kalbes. Ber. Münch. Thierarzneischule, 1879/80, S. 28—30.

KLEBS, Die künstliche Erzeugung der Tuberkulose. Arch. exper. Path. Pharmak. **1**, 163, 1873.

KLENCKÉ, P., Über dei Ansteckung und Verbreitung der Scrophelkrankheit bei Menschen durch den Genuß der Kuhmilch. Leipzig: Kollmann, 1846.

KLIENEBERGER, C., Die Blutmorphologie der Laboratoriumstiere. 2. Aufl., Leipzig: Barth, 1927.

KLIMMER, M., in: Handbuch der Tuberkulose. 3. Aufl., Bd. 4, Leipzig: Barth, 1923, S. 287.

KOCH, R., Die Ätiologie der Tuberkulose. Berliner klin. Wschr. **19**, 221—230, 1882.

KOCH, M., u. RABINOWITSCH, L., Die Tuberkulose der Vögel und ihre Beziehungen zur Säugetiertuberkulose. Virchows Arch. path. Anat. **190** (Beih.), 246—541, 1907.

KRASSILNIKOV, N. A., Diagnostik der Bakterien und Actinomyceten. Jena: Fischer, 1959.

KRAUSE, C., Pathologie und pathologische Anatomie des Nutz- und Raubwildes sowie sonstiger wildlebender Säugetiere und Vögel. Erg. allg. Path. **34**, 226—562, 1939.

KÜSTER, E., 1903. Zit. nach Moses, S., 1907.

KÜSTER, E., Über Kaltblütertuberkulose. Münch. med. Wschr., 1905.

KÜSTER, E., Über Kaltblütertuberkulose. Zschr. Tbk. **8**, 187—206 u. 310—352, 1906.

KÜSTER, E., Die Kaltblütertuberkulose. In: Handbuch der pathogenen Mikroorganismen, hrsg. v. W. Kolle, R. Kraus u. P. Uhlenhuth, Bd. 5, Jena: Fischer, 1928, S. 746—1062.

KUNTZ, E., Über Leberveränderungen durch Tuberkulose. Beitr. Klin. Tbk. **123**, 26—40, 1960.

LANGE, B., Über einige den Tuberkelbazillen verwandte Saprophyten. Dtsch. med. Wschr. **46**, 763—764 1922.

LEDERER, G., Fischtuberkulose. Zoolog. Garten (N. F.) **15**, 107–121, 1943.

LEDOUX-LEBARD, Le bacille pisciaire et la tuberculose de la grenouille due à ce bacille. Ann. Inst. Pasteur (Paris) **14**, 535–554, 1900.

LETTERER, E., Allgemeine Pathologie der Tuberkulose. In: Die Tuberkulose, ihre Erkennung und Behandlung, hrsg. v. H. Deist u. H. Krauss, Stuttgart: Enke, 1951, S. 1–53.

LICHTENSTEIN, ST., Ein Fall von spontaner Froschtuberkulose. Zbl. Bakt. – Abt. I, Orig. **85**, 249–252, 1921.

LÖFFLER, W., Geschichte der Tuberkulose. In: Handbuch der Tuberkulose, Bd. 1, Stuttgart: Thieme, 1958.

LUBARSCH, O., Über das Verhalten der Tuberkelpilze im Froschkörper. Zbl. Bakt. – Abt. I, Orig. **28**, 421–430, 1900.

LUBARSCH, O., u. MAYR, H., Untersuchungen über die Wirkung der Mikroorganismen der Tuberkelpilzgruppe auf den Organismus der Frosches. Arb. Path.-Anat. Abt., Kgl. Hyg. Inst. Posen, 1901, S. 130 bis 153.

MAFFUCCI, A., Beitrag zur Aetiologie der Tuberkulose (Hühnertuberkulose). Zbl. allg. Path. **1**, 409–416, 1890.

MAFFUCCI, A., Die Hühnertuberkulose. Zschr. Hyg. (Lpzg). **11**, 445–486, 1892.

MAIË, S., Experimentelle Versuche bei Goldfischen (Carassius auratus) mit säurefesten Bacillen. Zbl. Bakt. – Abt. I, Orig. 88, 28–38, 1922.

MCKEE, C. M., RAKE, R., DONOWIK, R., and JAMBOR, W. P., The use of the mouth in a standardized test for antituberculous activity of compounds of natural or synthetic origin. I. Choice and standardization of culture. Amer. Rev. Tbc. **60**, 90–109, 1949.

MEYN, A., Die Mycobakterien der Milch. Zbl. Bakt. – Abt. I, Orig. **158**, 298–299, 1952.

MEYN, A., u. NESTLE, R., Über Zopfbildungen in Mycobakterienkulturen. Berliner Münchener tierärztl. Wschr. **65**, 187–188, 1952.

MODDELMOG, F., Die Tuberkulose des Haus- und Wildgeflügels. Vet.-med. Diss. Leipzig/Dresden 1920.

MOELLER, A., Über dem Tuberkelbacillus verwandte Mikroorganismen. Therap. Mhefte **12**, 607–613, 1898.

MOREY, A., Tuberculose experimentale de quelques poissons et de la grenouille. Lyon: med. Diss. Thése, 1900.

MORIYA, G., Impftuberkulose der Kaltblüter. Zbl. Bakt. – Abt. I, Orig. **45**, 294–301, 1908.

MOSES, S., Über die Wirkung von Tuberkelbacillen verschiedener Typen auf Würmer, Schnecken und Kaulquappen. Inaug. Diss. Freiburg 1907.

NAKAJIMA, A., Beiträge zur Histologie der Amphibienmilz mit besonderer Berücksichtigung auf ihre jahreszeitlichen Veränderungen. Fol. anat. Jap. **6**, 497, 1928.

NIGRELLI, R. F., Causes of diseases and death of fishes in captivity. Zoologica **28**, 203–216, 1943.

NIGRELLI, R. F., Two diseases of the neon tetra, Hyphessobrycon innesi. Auqarium J. **24**, 203–208, 1953.

NICOLAS, J., et LESIEUR, CH., Effets de l'ingestion de crachats tuberculeux humains chez les poissons. Compt. rend. Soc. Biol. **51**, 774–776, 1899.

NONIDEZ, J. F., and KAHN, M. C., Experimental tuberculosis infection in the tadpole and the mechanism of its spread. Amer. Rev. Tbc. **36**, 191, 1937.

O'CONNOR HALLORAN, P., A bibliography of references to diseases in wild mammals and birds. New York: The Staten Island Zoo, 1955.

OKAMOTO, H., Über die Leber und Milzpigmente der Kröte. Frankf. Zschr. Path. **31**, 16, 1925.

OLT, A., u. STRÖSE, A., Die Wildkrankheiten und ihre Bekämpfung. Neudamm: Neumann, 1914.

PAGEL, W., Über die Rolle der Allergie beim Abbau in die Bauchhöhle überpflanzter Gewebsteile. Krkh.-forschung **6**, 337, 1928.

PALLASKE, G., u. KRAHNERT, R., Die durch Bakterien und pflanzliche Parasiten hervorgerufenen Infektionskrankheiten. In: Pathologie der Laboratoriumstiere, Bd. 2, Berlin/Göttingen/Heidelberg: Springer, 1958, S. 1–83.

PARISOT, T. J., A review of the literature with a description of the disease in Salmonoid fish. Bact. Rev. **22**, 240–245, 1958.

PAULICKI, A., Beiträge zur vergleichenden pathologischen Anatomie. In: Beiträge zur Pathologie der Vögel, Berlin: Hirschwald, 1872, S. 67–88.

PETRI, R. J., Zum Nachweis der Tuberkelbazillen in Butter und Milch. Arb. Gesd.amt (Berlin) **14**, 1–35, 1898.

PFANDER, K., Beitrag zur Histologie der Hühnertuberkulose. Arb. path. Anat. Inst. Tübingen **1**, 309, 1892.

PIÉRY, M., et ROSHEM, J., Histoire de la tuberculose. Paris: Doin, 1931.

RABINOWITSCH, L., Zur Frage des Vorkommens von Tuberkelbacillen in der Marktbutter. Zschr. Hyg. Leipzig **26**, 90–110, 1897.

RADDEN, R., Tuberculosis of the mouth. A case report. Dent. Pract. (Bristol) **7**, 123–125, 1957.

REICH, C., Über die Entstehung des Milzpigments. Virchows Arch. path. Anat. **160**, 378–393, 1900.

REIGBERT, K., Versuche über die Einwirkung von abgetöteten Tuberkulosebakterien auf Goldhamster und Meerschweinchen. Vet.-med. Diss. München 1953.

REINHARDT, R., Lehrbuch der Geflügelkrankheiten. Hannover: Schaper, 1927 u. 1950.

RIBBERT, H., Über die Verbreitungsweise der Tuberkelbazillen bei den Hühnern. Dtsch. med. Wschr. **9**, 413, 1883.

RICH, A. R., The pathogenesis of tuberculosis. 2. Aufl., ed. Blackwell Scientific Publications, Oxford, 1951.

RICHTERS, Die Empfänglichkeit des Huhnes für humane und bovine Tuberkelbazillen. Zschr. Veterinärk. **39**, 161–174, 1927.

RÖLL, M. F., Lehrbuch der Pathologie und Therapie der Hausthiere, 2. Aufl., Wien: Braumüller, 1860.

ROLOFF, F., Multiple Lymphosarkome beim Huhne. Magazin der Thierheilkunde **34**, 190–195, 1868.

ROULET, F., Die infektiösen „spezifischen" Granulome. In: Handbuch der allgemeinen Pathologie, Bd. VII, 1, Berlin/Göttingen/Heidelberg: Springer, 1956, S. 325–496.

RUPPRECHT, J., Über säurefeste Bazillen nebst Beschreibung eines Falles von spontaner Froschtuberkulose. Inaug. Diss. Freiburg 1904; außerdem in: Jber. Lehre pathog. Mikroorganism. **20**, 591, 1904.

SADETTIN, M., Contribution a l'étude à un bacille de la tuberculose des reptiles. Compt. rend. Soc. Biol. **114**, 444, 1933.

SASSENHOF, I., Pathologische Anatomie, Histologie und Pathogenese der Pelztiertuberkulose. Vet.-med. Diss. München 1936.

SCHLOSSBERGER, H., Experimentelle Bakteriologie und Infektionskrankheiten. München: Urban & Schwarzenberg, 1952.

SCHWABACHER, H., J. Hyg. (London) **57**, 57, 1959.

SCOTT, H. H., Tuberculosis in man and lower animals. Med. Res. Counc. Spec. Rep. Ser. **149**, 1–270, 1930.

SELIGMANN, E., u. KLOPSTOCK, F., Zur Biologie der Fischtuberkelbazillen. Beitr. Klin. Tbk. **42**, 45–56, 1919.

SHATTOCK, S. G., Tuberculosis of the oesophagus in a python. Transact. Path. Soc. London **53**, 430, 1902.

SIBLEY, W. K., Über Tuberkulose bei Wirbeltieren. Virchows Arch. path. Anat. **116**, 104–115, 1889.

SIBLEY, W. K., Inoculated tuberculosis in snakes. Transact. Path. Soc. London **43**, 189–195, 1892.

SION, V., Der Einfluß des Organismus kaltblütiger Tiere auf den Bacillus der menschlichen Tuberkulose. Zbl. Bakt. – Abt. I, Orig. **27**, 710–720, 1900.

SMITH, T., Bovine tubercle bacilli. Transact. Ass. Amer. Physicians **11**, 75, 1896.

SORGO, J., Über Mutationen von menschlichen Tuberkelbazillen. Wien. klin. Wschr. **20**, 1128–1135, 1907.

SORGO, J., u. SUESS, E., Über Versuche mit Tuberkelbazillenstämmen menschlicher Herkunft an Schlangen und Blindschleichen und über Mutationen menschlicher Tuberkelbazillen. Zbl. Bakt. – Abt. I, Orig. **43**, 422–432 u. 529–547, 1907.

SPINOLA, W. T. J., Handbuch der speciellen Pathologie und Therapie für Thierärzte. Berlin: Hirschwald, 1855.

STARK, H. J., u. VIEHMANN, P., Über die Brauchbarkeit des syrischen Goldhamsters als Versuchstier bei der Tuberkulose-Diagnostik. Zbl. Bakt. – Abt. I, Orig. **162**, 446–451, 1955.

STERNBERG, G. M., A manual of bacteriology. New York: Wood, 1892, S. 392.

STEWART, G. T., and TAMARGO-SANCHEZ, M., An experimental basis for estimating the virulence of tubercle bacilli. J. Hyg. (London) **50**, 37–52, 1952.

STICKER, G., Zur Geschichte der Schwindsucht. Münch. med. Wschr. **69**, 1221 u. 1256, 1922.

STOLL, L., Zur Differenzierung apathogener und pathogener Mykobakterien. Lebensmitteltierarzt **4**, 278–280, 1953.

STRAUS, I., u. GAMALEÏA, N., Recherches expérimentales sur la tuberculose; la tuberculose humaine, sa distinction de la tuberculose des oiseaux. Arch. méd. expér. **3**, 457–484, 1891.

SUTHERLAND, P. L., A tuberculosis-like disease in a salt-water fish (Halibut) associated with the presence of an acid-fast tubercle-like bacillus. J. path. bact. **25**, 31–36, 1922.

THIEL, W., Die Maus als Versuchstier bei der Tuberkulosediagnostik. Zschr. Hyg. (Berlin/Göttingen/Heidelberg) **142**, 545, 1956.

TSUKIYAMA, K., Zur Frage des Verhaltens der Säugetiertuberkelbazillen im Kaltblüter. Med. Diss. Gießen 1908.

VERGA u. BIFFI, Zit. in Küster, E., 1906.

VIATSCHKO, H., Die Brauchbarkeit des Syrischen Goldhamsters als Versuchstier zum Tuberkulose-Nachweis. Tierärztl. Umschau **4**, 243–244, 1949.

VILLEMIN, J. A., Etudes sur la tuberculose. Paris: Baillière, 1868.

VOGEL, H., Mycobacteria from cold-blooded animals. Amer. Rev. Tbc. **77**, 823–838, 1958.

Weber, A., u. Bofinger, H., Die Hühnertuberkulose und ihre Beziehungen zur Säugetiertuberkulose. Tbk.arb. Gesd.amt Berlin **1**, 83, 1904.

Weber, A., u. Taute, M., Zur Frage der Umwandlung der Tuberkelbazillen im Kaltblüterorganismus. Dtsch. med. Wschr. **30**, 1019, 1904.

Weigert, C., Zur Theorie der tuberkulösen Riesenzellen. Dtsch. med. Wschr. **35**, 599, 1885.

Wells, A. Q., Tuberculosis in wild voles. Lancet (N. Y.) i, 1221, 1937.

Winsor, H., Cold-blooded tuberculosis from the Fairmont Park aquarium, Philadelphia. Proc. Pennsylv. Acad. Sc. **20**, 43–46, 1946.

Wood, J. W., and Ordal, E. J., Tuberculosis in Pacific salmon and steelhead trout. Contributions of the Fish Commission of the State of Oregon 1958, Nr. **25**.

Wurm, H., Die Tuberkulose. Bd. 1: Allgemeine Biologie und Pathologie der Tuberkulose, Leipzig: Georg Thieme, 1943.

Zeller, H., Die Tuberkulose des Geflügels. Erg. allg. Path. **26**, 804–876, 1932.

Zürn, F. A., Zoopathologische und zoophysikalische Untersuchungen. Stuttgart: Schickhardt & Ebner, 1872.

Zürn, F. A., Bericht über die im Jahre 1882 veröffentlichten Arbeiten über: Die Krankheiten der Vögel. Dtsch. Zschr. Thiermed. **9**, 185–207, 1883.

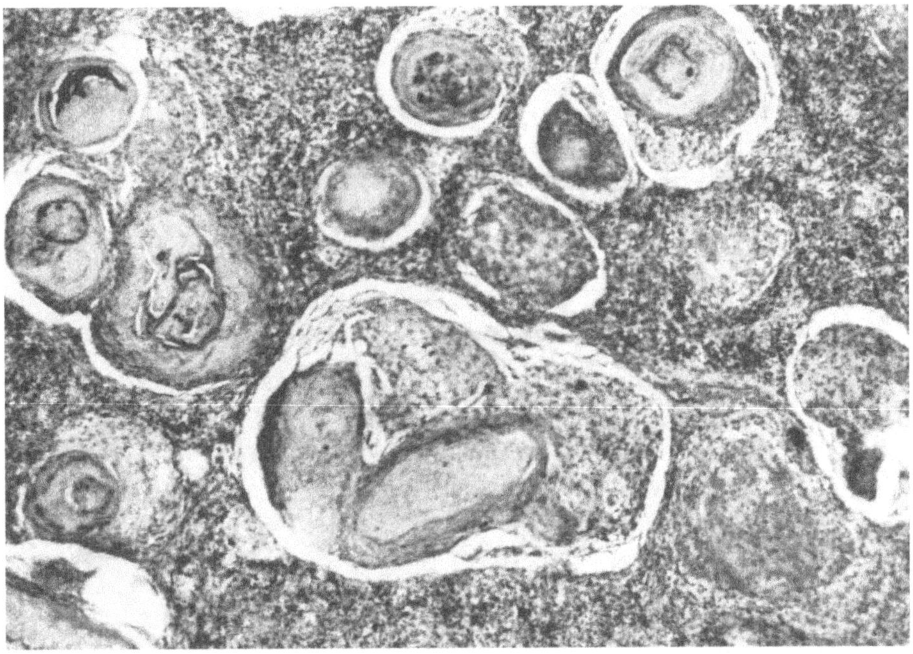

Abb. 1. Cichlide. Tuberkel in der Milz, Kaimantb. – Vergr. 10×5

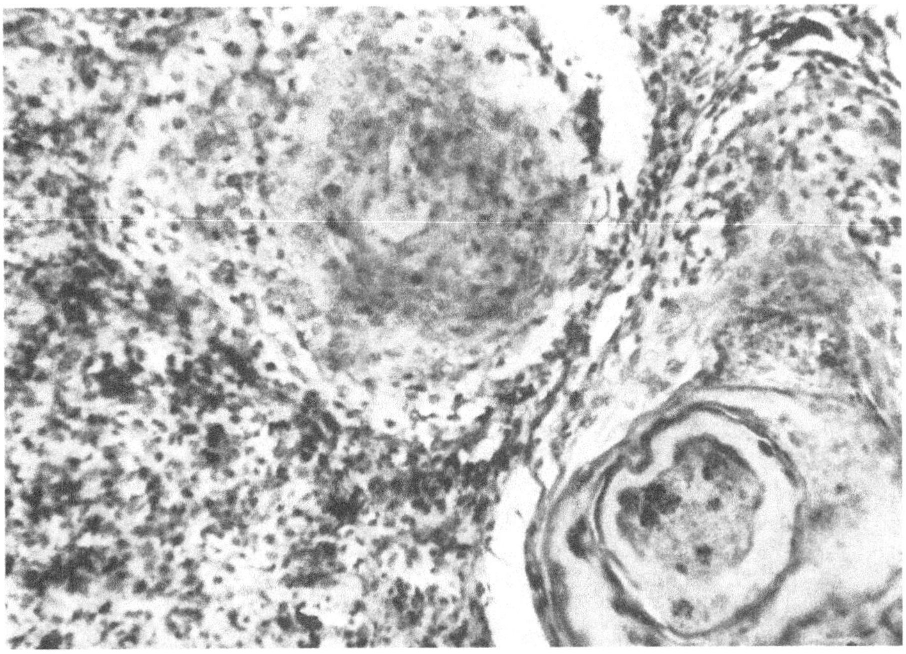

Abb. 2. Cichlide. Reinzelliger und nekrotischer Tuberkel in der Milz. Kaimantb. – Vergr. 40×5

TAFEL 2

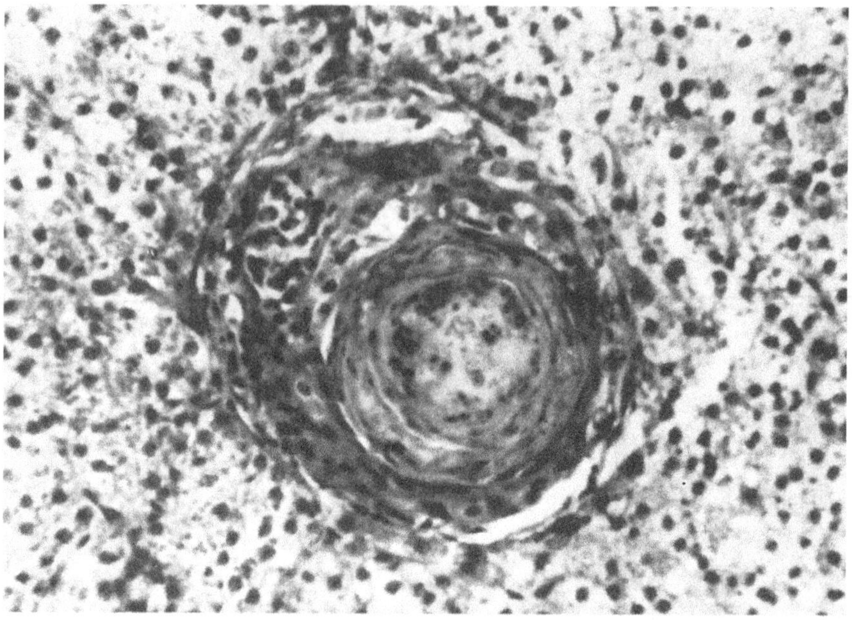

Abb. 3. Cichlide. Zentralnekrotischer Lebertuberkel, bindegewebig abgegrenzt. Tb. bov. — Vergr. 40 × 5

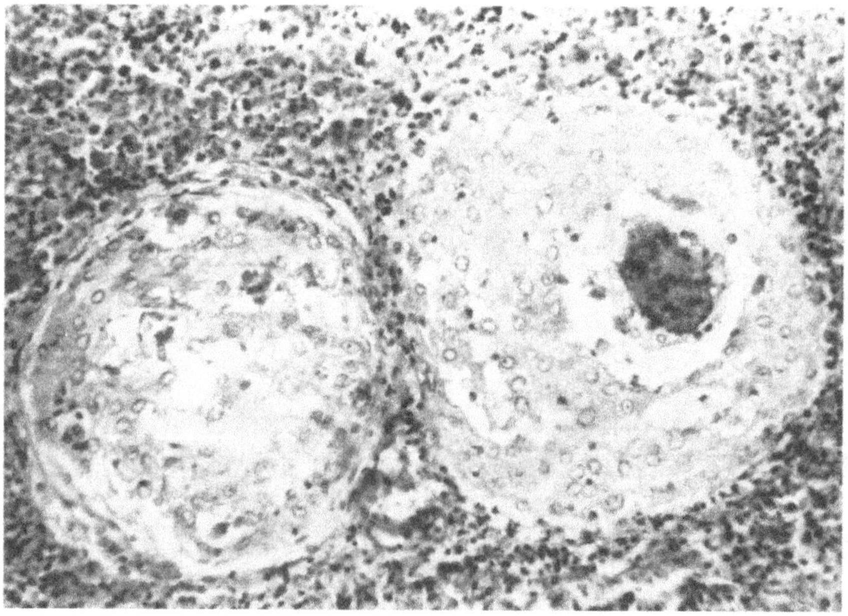

Abb. 4. Cichlide. Miliarer Tuberkel im Milzparenchym, rechts beginnende Nekrose. Tb. bov. — Vergr. 40 × 5

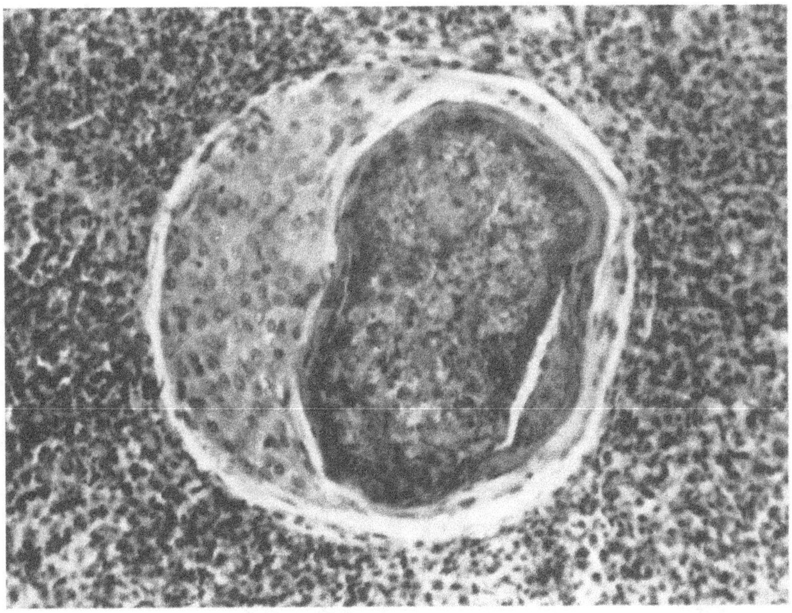

Abb. 5. Cichlide. Vom Milzgewebe scharf abgesetzter Tuberkel, in dem die Nekrose bindegewebig abgekapselt ist. Tb. bov. — Vergr. 40 × 5

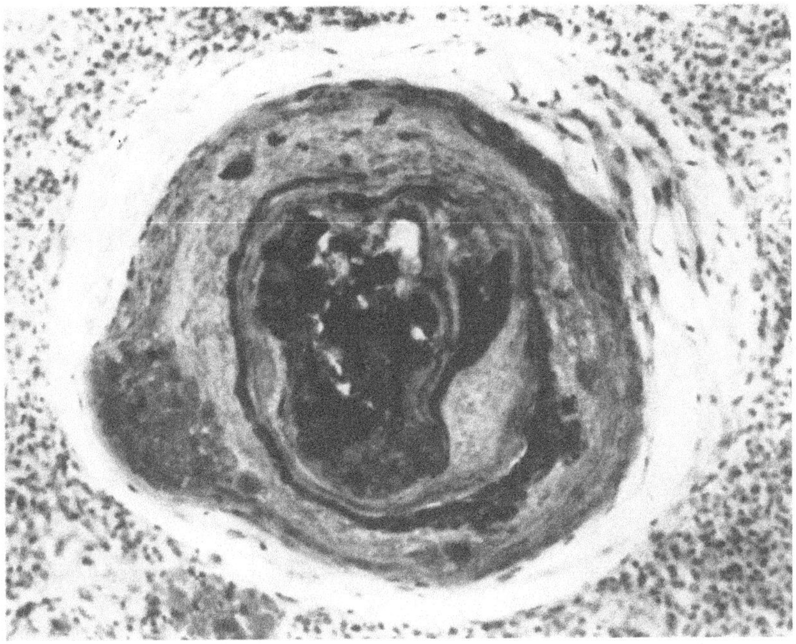

Abb. 6. Cichlide. Abgekapselter, völlig nekrotischer Milztuberkel mit dichten Pigmentablagerungen. Tb. bov. — Vergr. 40 × 5

TAFEL 4

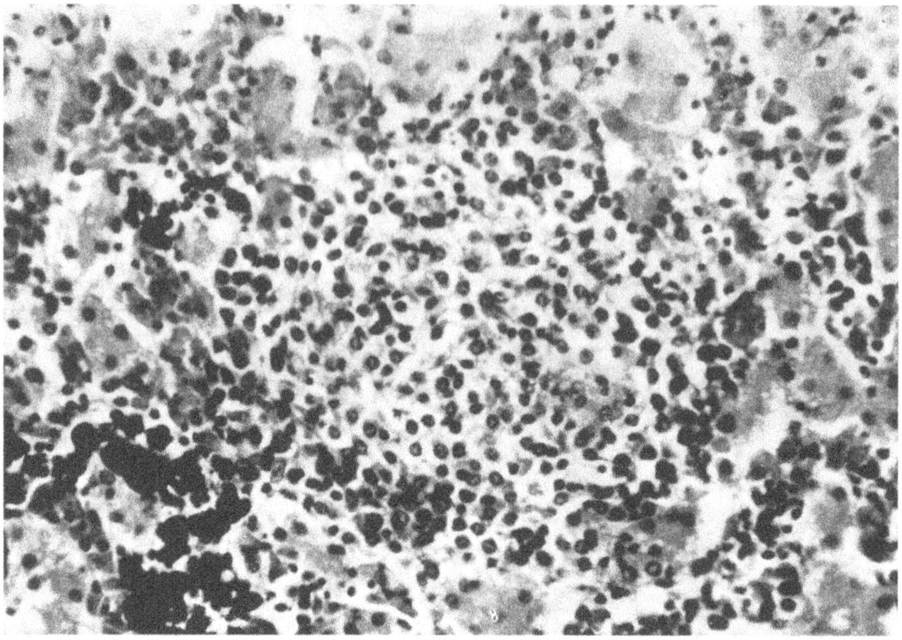

Abb. 7. Rana tigrina. Submiliarer Lebertuberkel. Spontantuberkulose. — Vergr. 40 × 5

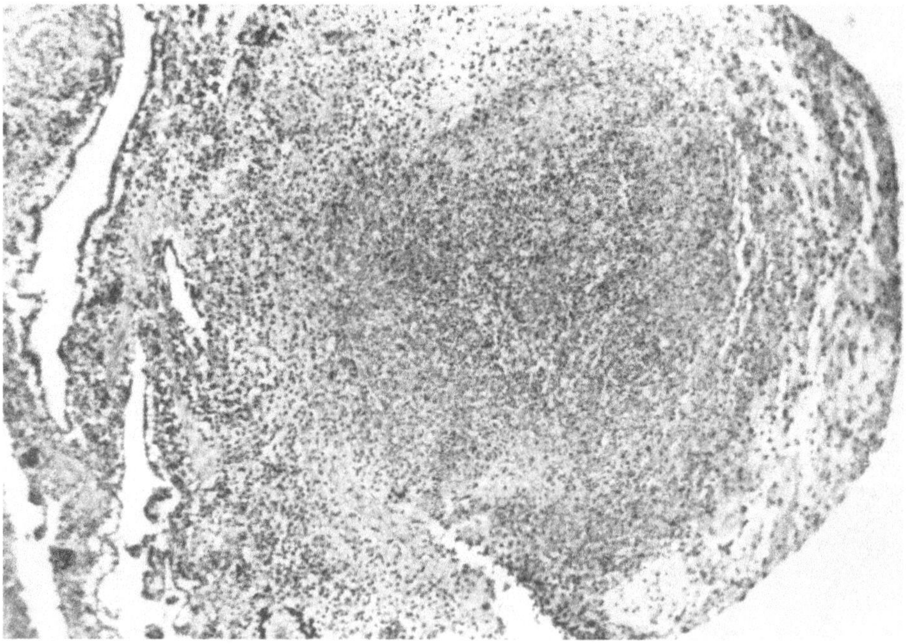

Abb. 8. Rana tigrina. Lungentuberkel mit zentraler Karyopyknose und Karyorrhexis. Spontantuberkulose. — Vergr. 10 × 5

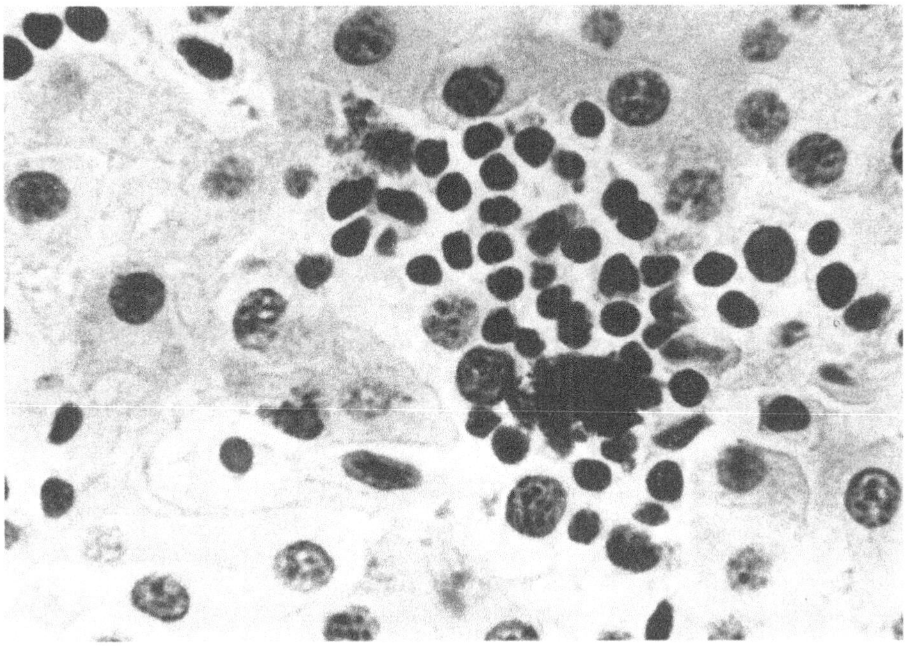

Abb. 9. Axolotl. Submiliarer Tuberkel im Leberparenchym. Pythontb. — Vergr. 40 × K 7

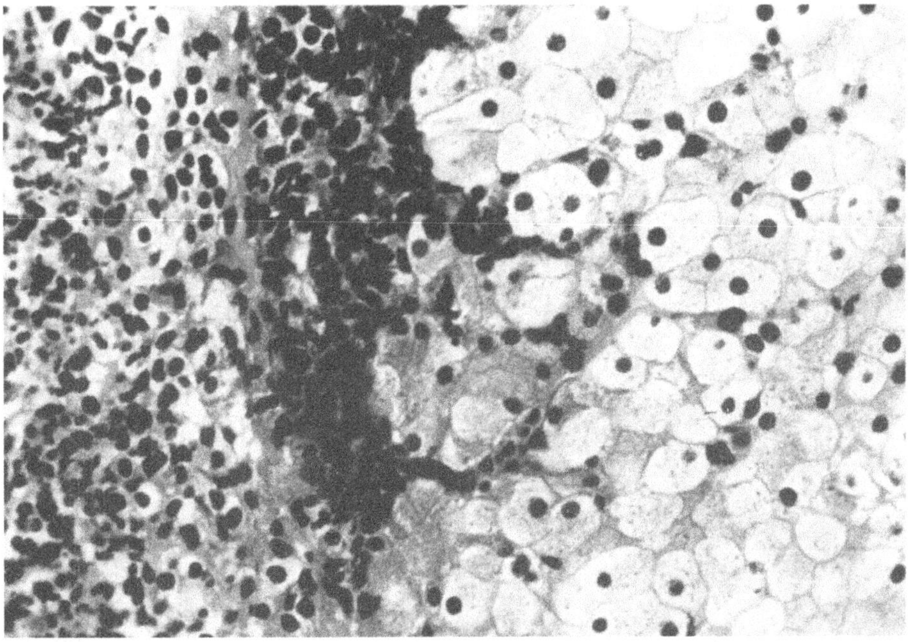

Abb. 10. Axolotl. Tuberkulöses Granulationsgewebe im Bereich der zelligen Randzone der Leber, infiltrativ ins Parenchym vordringend. Kaimantb. — Vergr. 20 × K 7

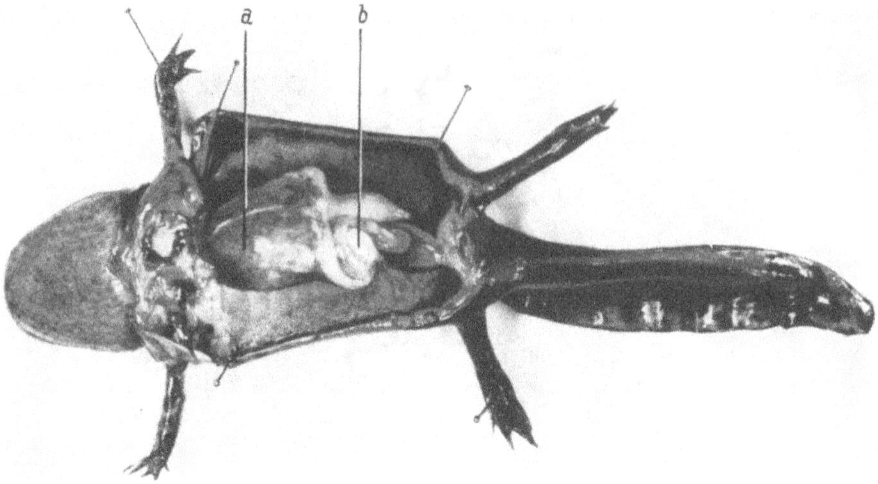

Abb. 11. Axolotl. Großknotiger Herd sowie grauweiße Beläge auf der Leber (*a*) und etwa erbsengroßer Herd im Mesenterium (*b*). Tb. bov.

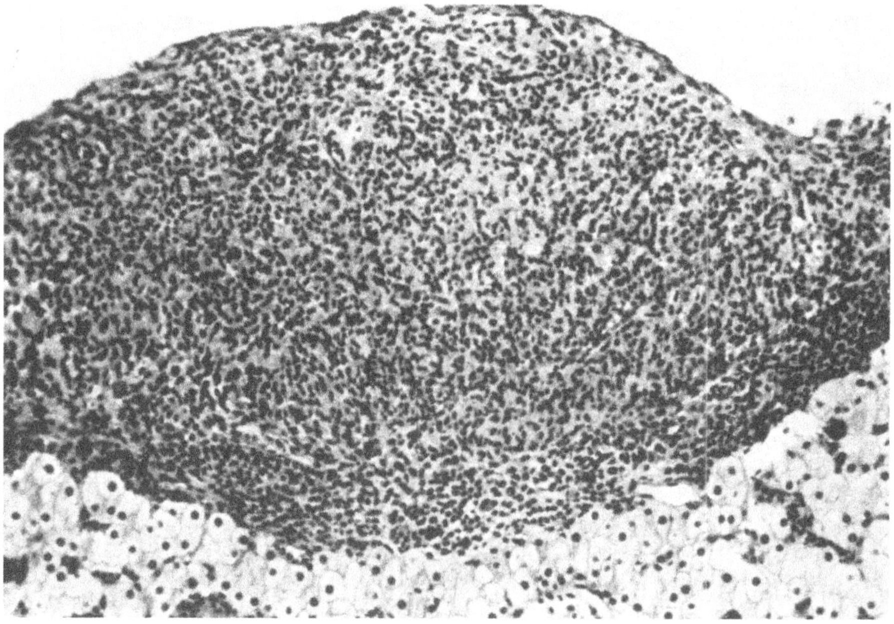

Abb. 12. Axolotl. Tuberkulöser Herd auf der Leberkapsel. Tb. bov. — Vergr. 6,3 × K 7

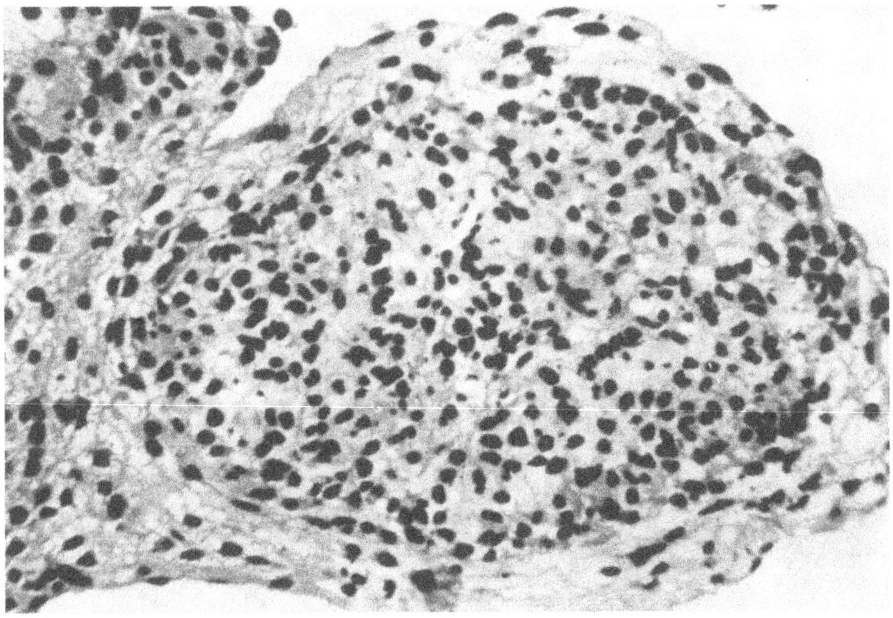

Abb. 13. Axolotl. Älterer tuberkulöser Herd auf der Leberkapsel mit beginnender bindegewebiger Abgrenzung und zentraler Karyopyknose. Tb. bov. — Vergr. 16 × K 7

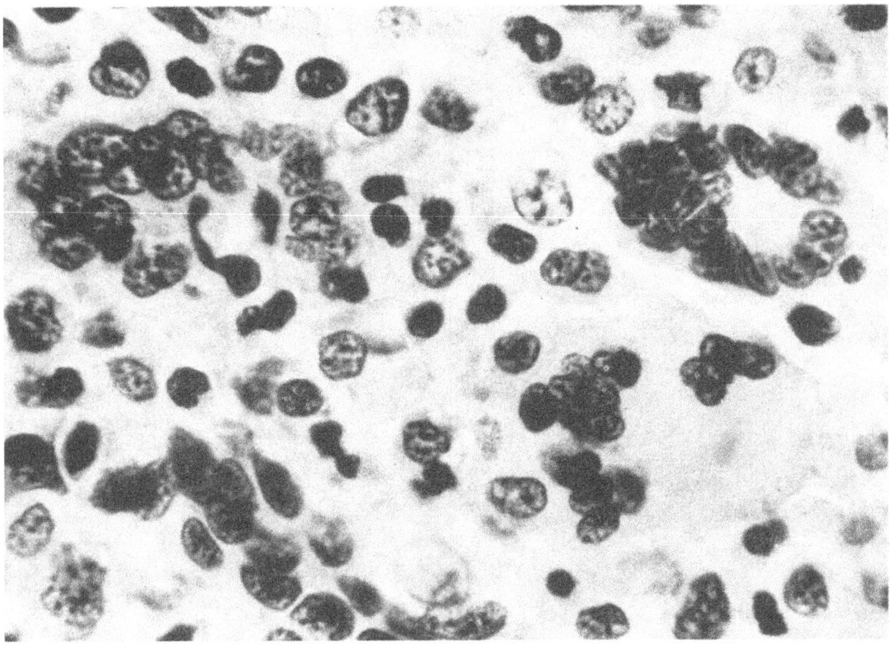

Abb. 14. Axolotl. Langhanssche Riesenzellen im epitheloidzelligen Granulationsgewebe der Leber. Tb. bov. — Vergr. 40 × K 5

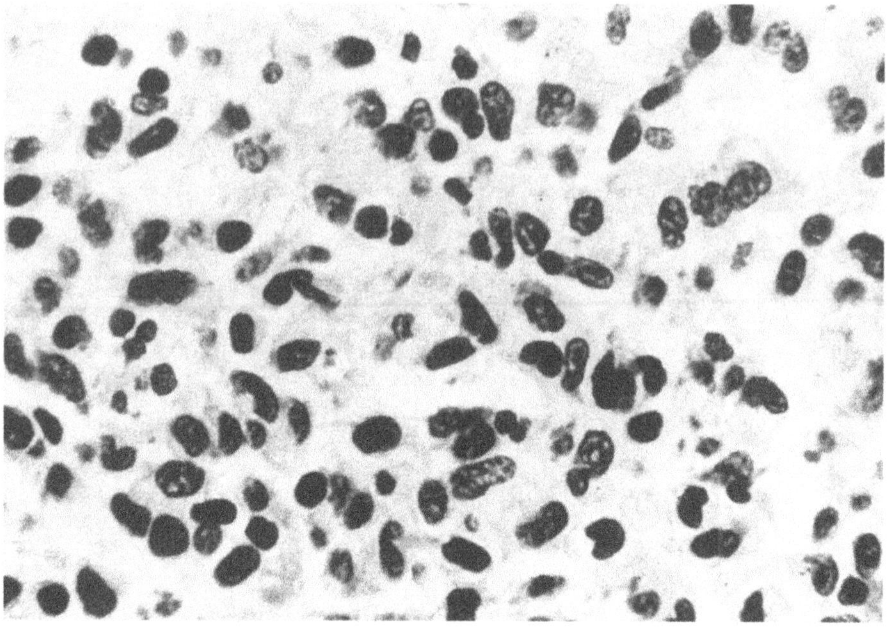

Abb. 15. Axolotl. Epitheloidzelliges Granulationsgewebe in der Leber mit eingelagerten Lymphocyten. Tb. bov. – Vergr. 40×K 7

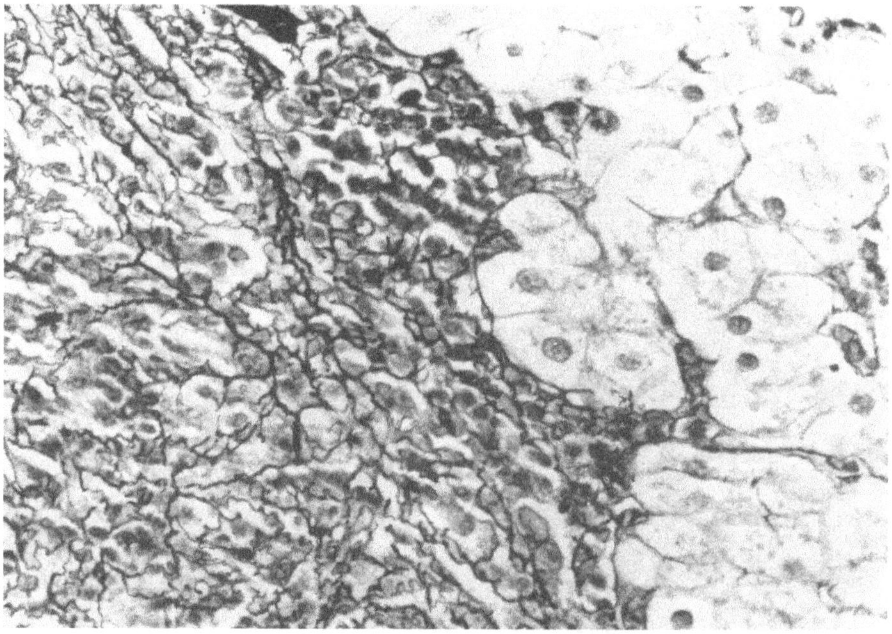

Abb. 16. Axolotl. Silberimprägnation. Gitterfaserneubildung im tuberkulösen Granulationsgewebe der Leber. Tb. bov. – Vergr. 40×5

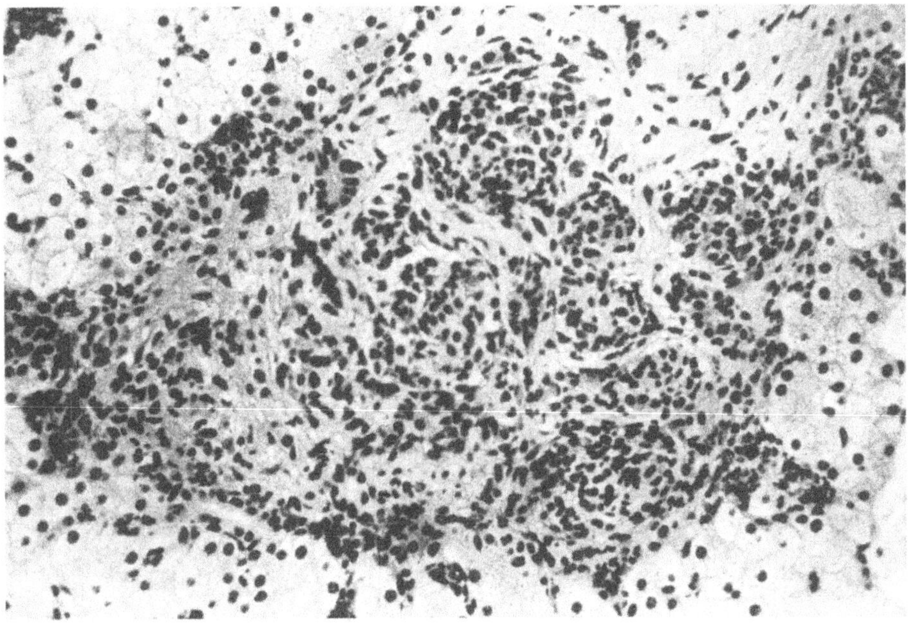

Abb. 17. Axolotl. Bindegewebige Organisation im tuberkulösen Leberherd. Tb. bov. — Vergr. 10 × K 7

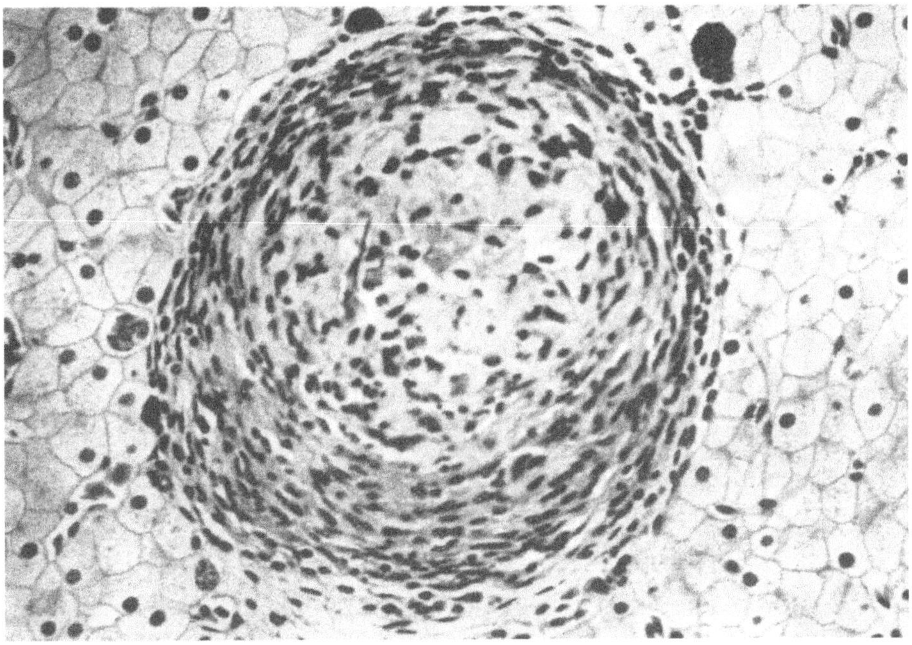

Abb. 18. Axolotl. Stark bindegewebig abgekapselter miliarer Leberherd. Tb. bov. — Vergr. 10 × K 7

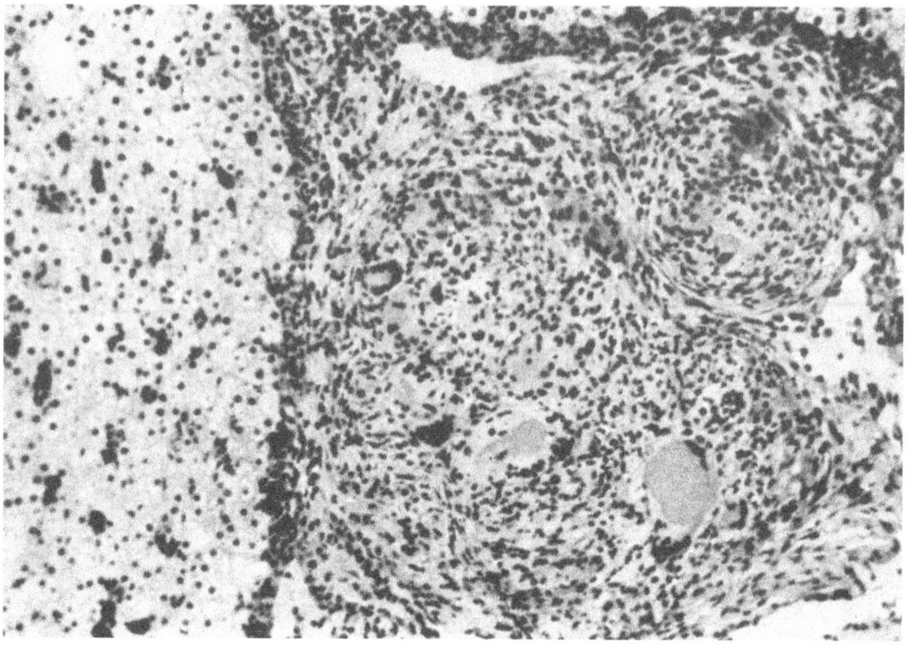

Abb. 19. Axolotl. Riesenzellbildung und bindegewebige Abgrenzung im Granulationsgewebe auf der Leberkapsel. Säurefeste Saprophyten. — Vergr. 6,3 × K 7

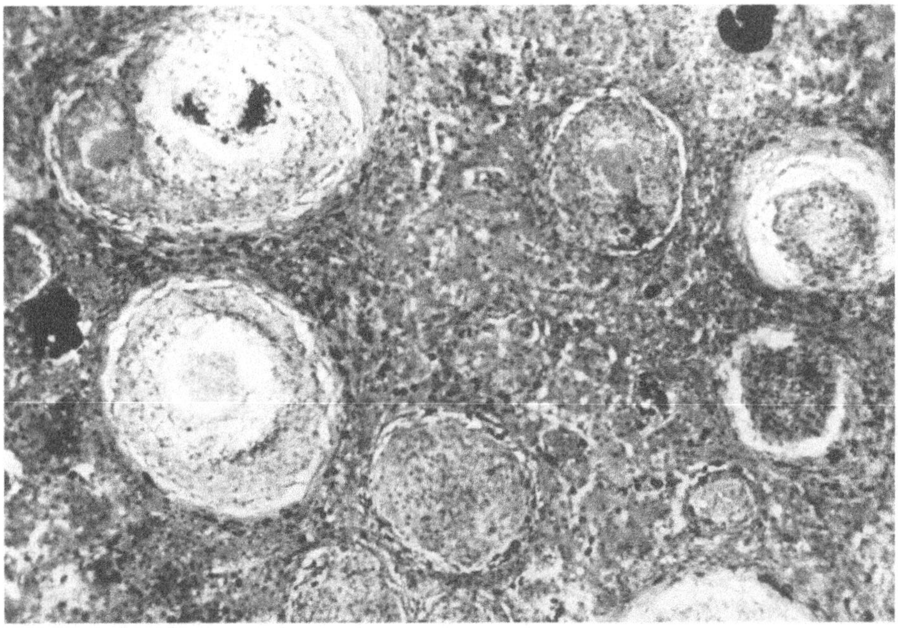

Abb. 20. Python spilotes. Miliarer Tuberkel in der Leber. Spontantuberkulose — Vergr. 10 × 5

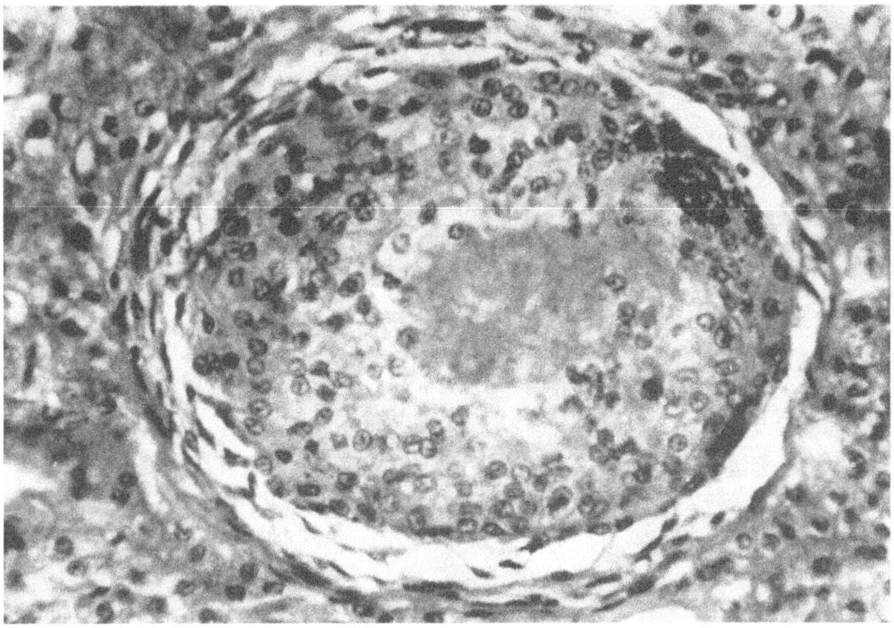

Abb. 21. Python spilotes. Miliarer Lebertuberkel mit zentraler Nekrose und bindegewebiger Abgrenzung. Spontantuberkulose — Vergr. 40 × 5

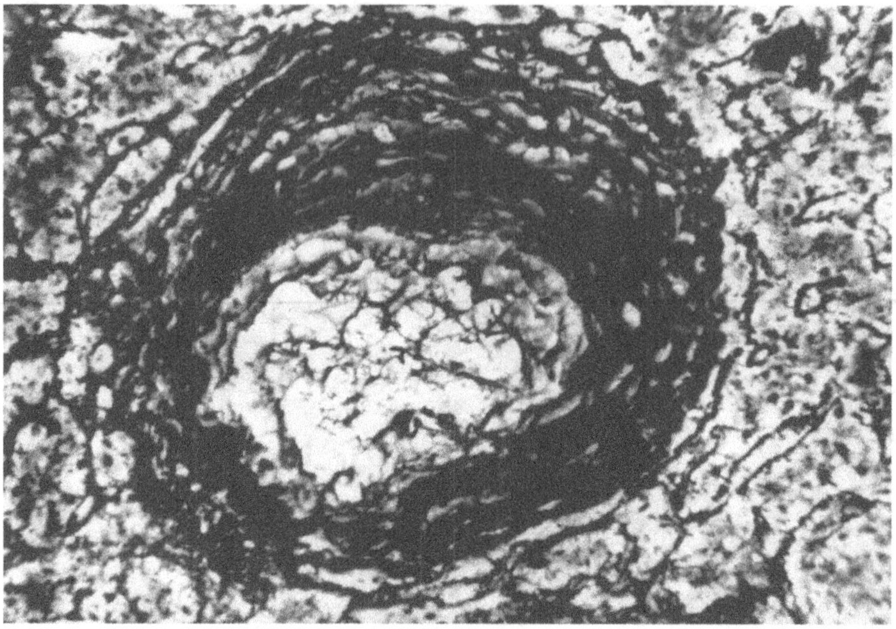

Abb. 22. Python spilotes. Silberimprägnation. Bindegewebige Induration in einem miliaren Lebertuberkel. Spontantuberkulose — Vergr. 40 × 7

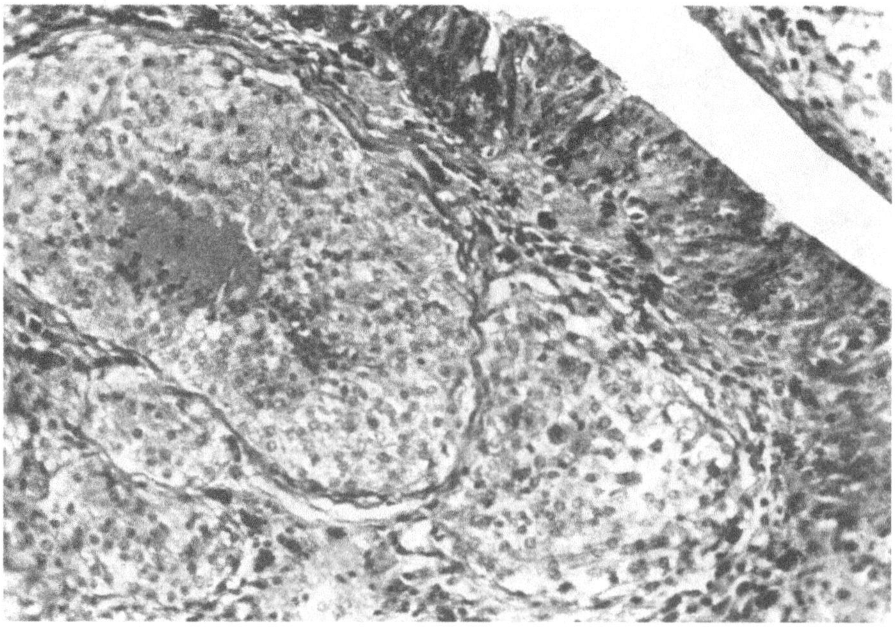

Abb. 23. Python spilotes. Submiliare und miliare Tuberkel im Lungengewebe, zentrale Nekrose. Am Übergang zum Granulationsgewebe pyknotische Kerne. Spontantuberkulose — Vergr. 20 × 7

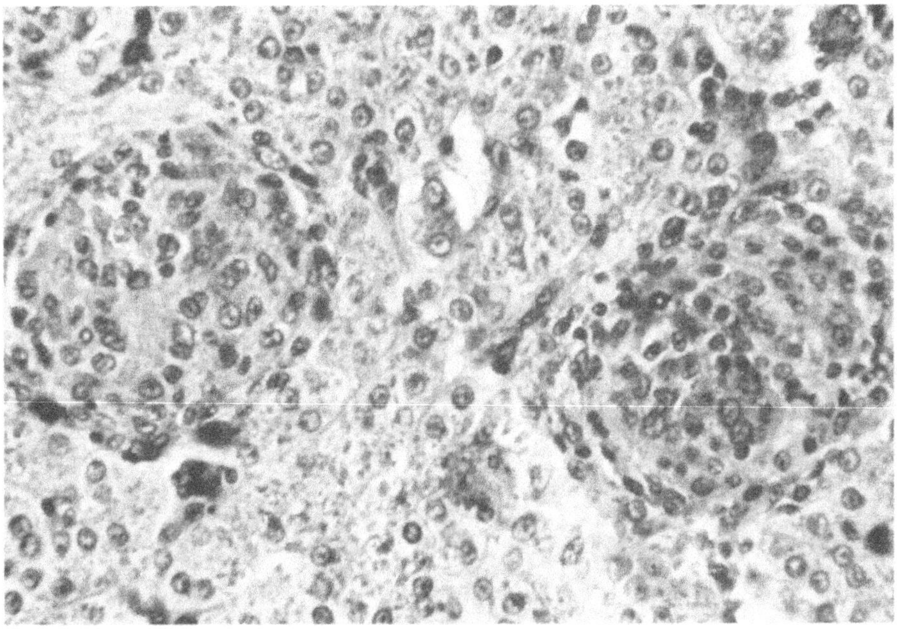

Abb. 24. Ringelnatter. Zwei submiliare Epitheloidzelltuberkel in der Leber. Tb. bov. — Vergr. 40 × 5

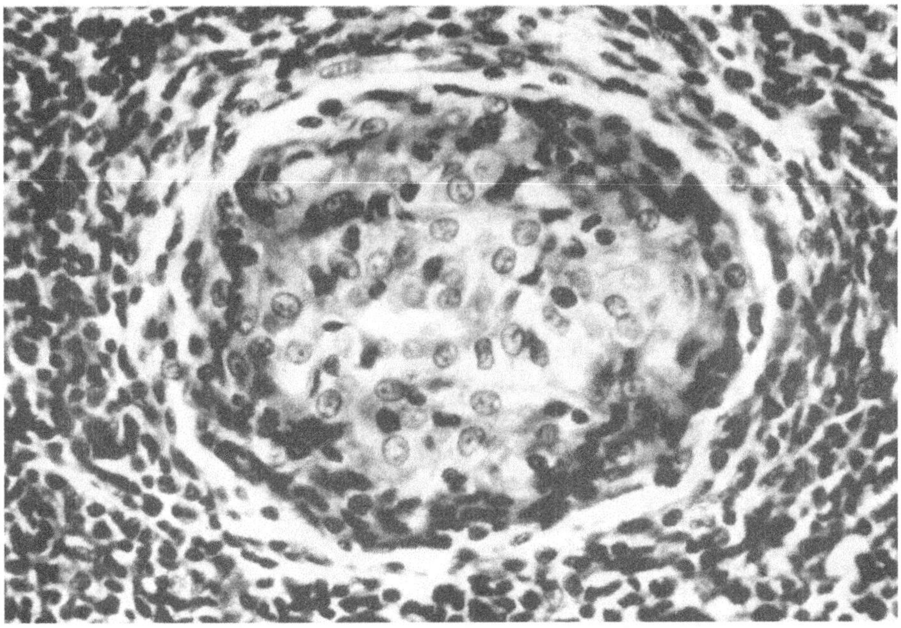

Abb. 25. Ringelnatter. Epitheloidzelliger Milztuberkel mit beginnender bindegewebiger Abgrenzung. Tb. bov. — Vergr. 40 × 7

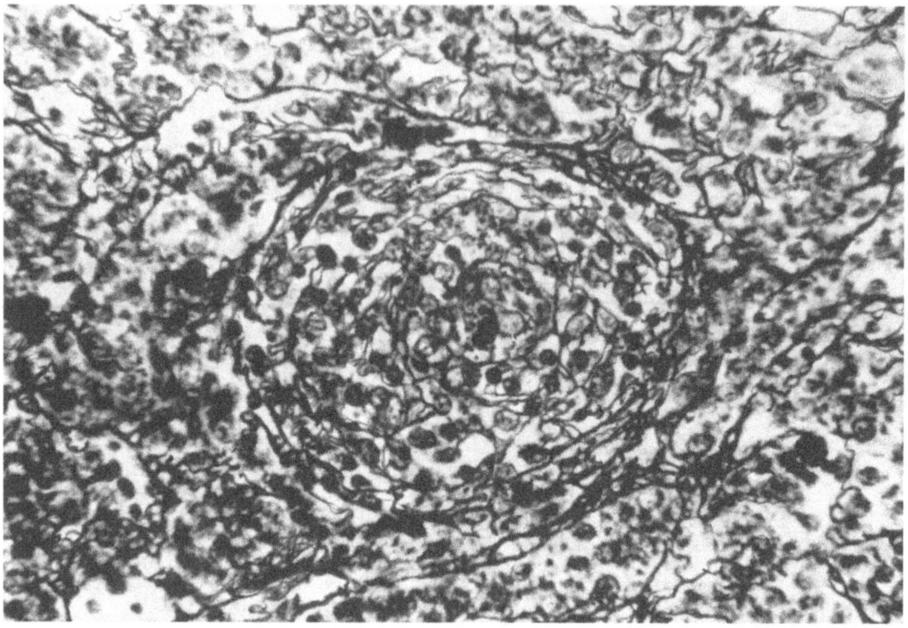

Abb. 26. Ringelnatter. Silberimprägnation. Beginnende Gitterfaserneubildung in einem miliaren Lebertuberkel. Tb. bov. — Vergr. 40 × 5

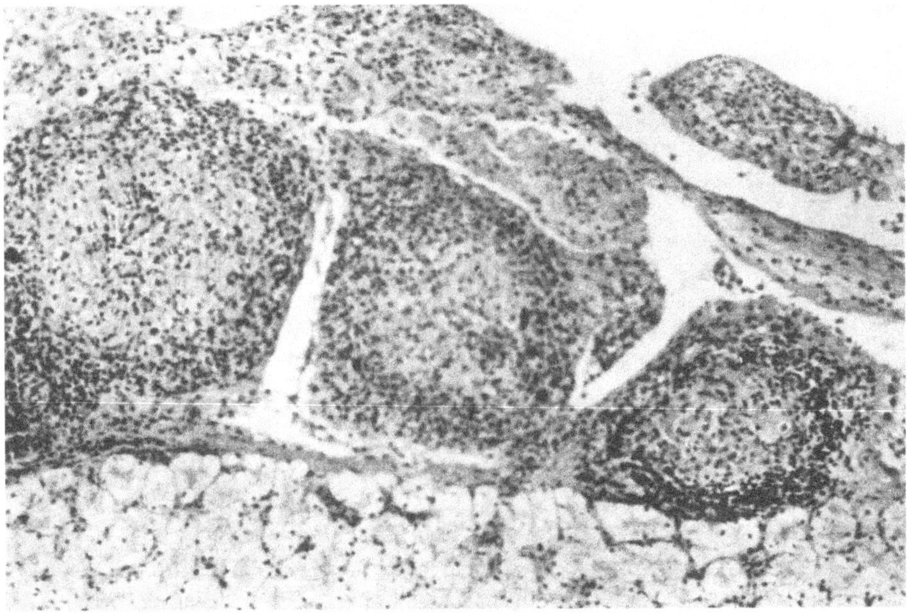

Abb. 27. Schildkröte. Konglomerattuberkel auf der Leberkapsel. Bufotb. — Vergr. 10×7

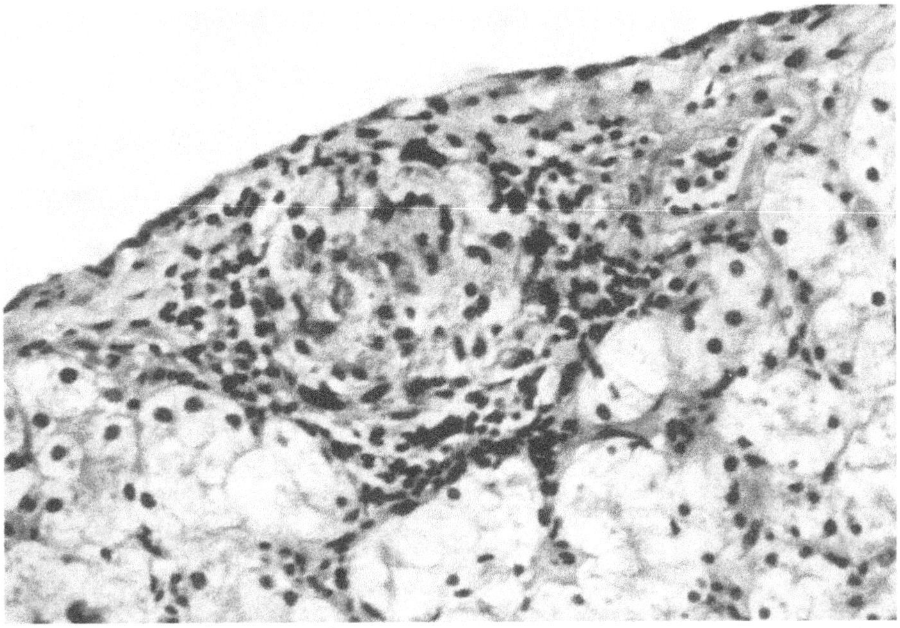

Abb. 28. Schildkröte. Subkapsulär gelegener Tuberkel in der Leber. Ranatb. — Vergr. 20×5

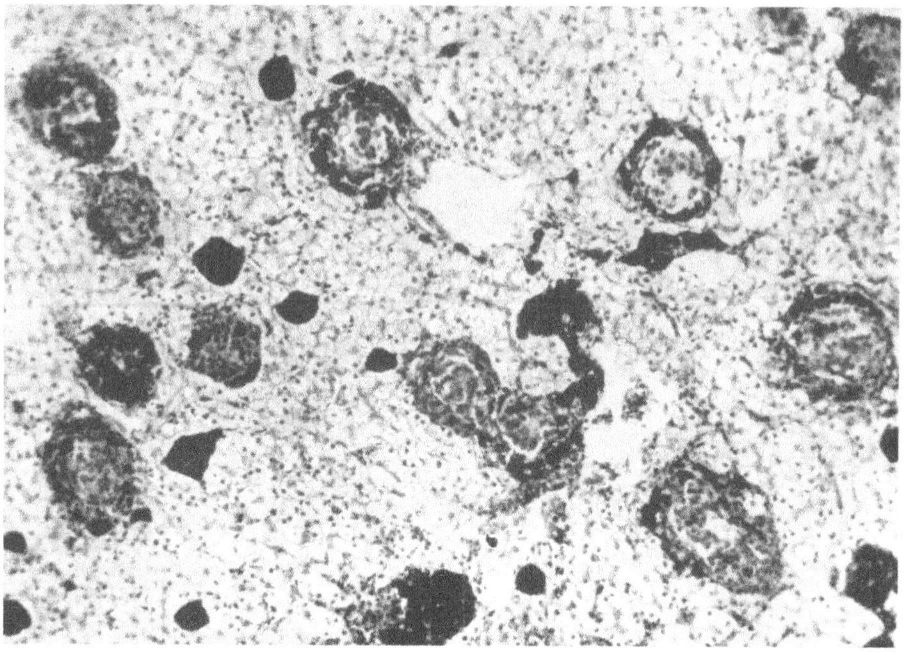

Abb. 29. Schildkröte. Miliare Tuberkel im Leberparenchym mit zum Teil starker Pigmentanhäufung. Kaimantb. – Vergr. 10 × 7

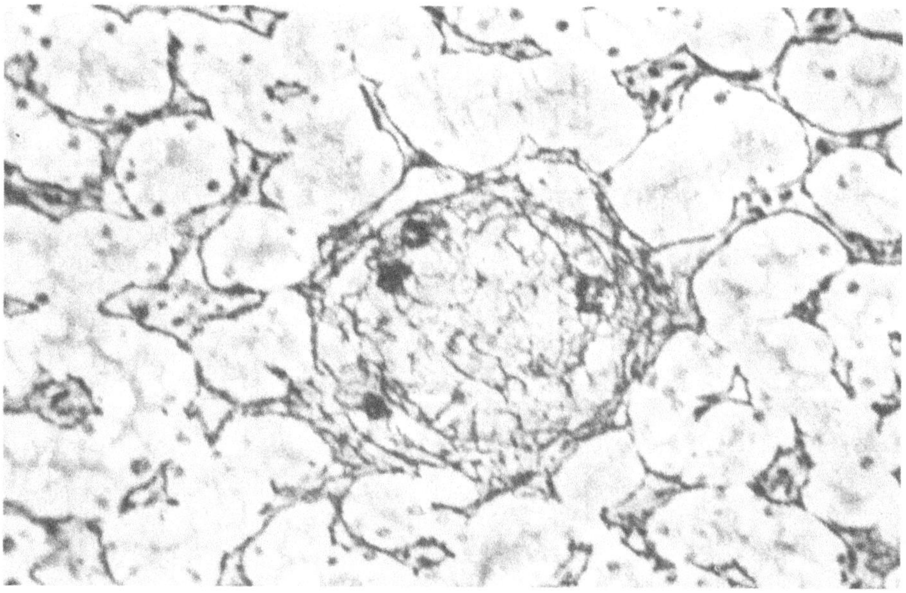

Abb. 30. Schildkröte. Silberimprägnation. Gitterfaserneubildung im submiliaren Lebertuberkel. Kaimantb. – Vergr. 20 × 7

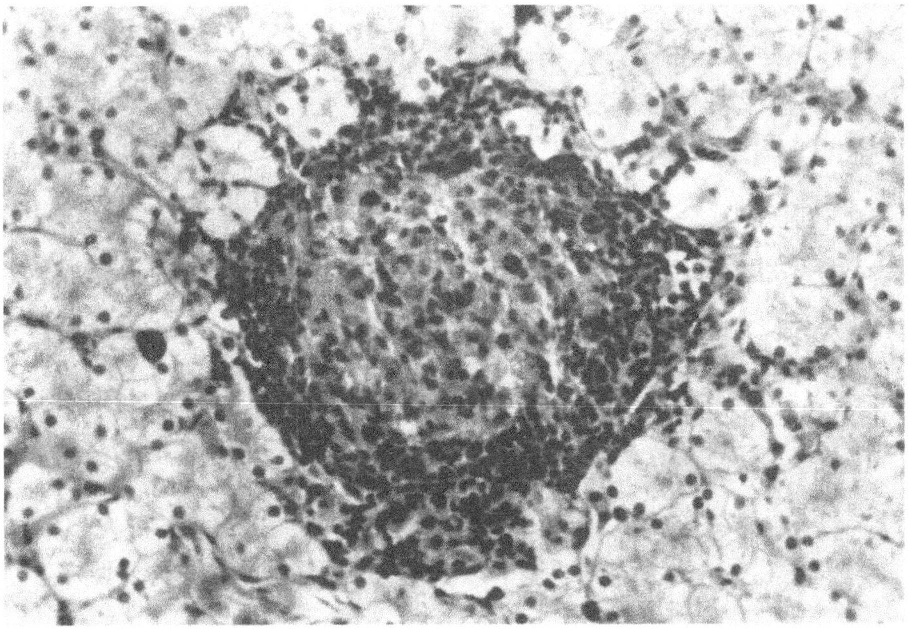

Abb. 31. Schildkröte. Größerer miliarer Lebertuberkel mit aufgelockertem Herdzentrum. Ranatb. — Vergr. 20 × 7

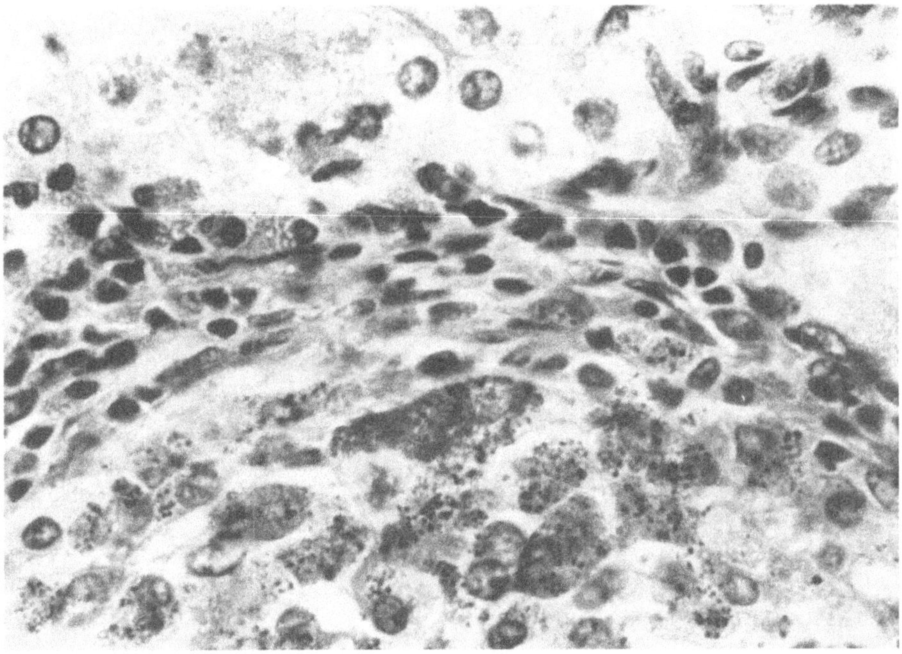

Abb. 32. Schildkröte. Bindegewebig abgegrenzter Tuberkel in der Leber mit zentraler starker Pigmentzellfärbung. Ranatb. — Vergr. 100 × 7

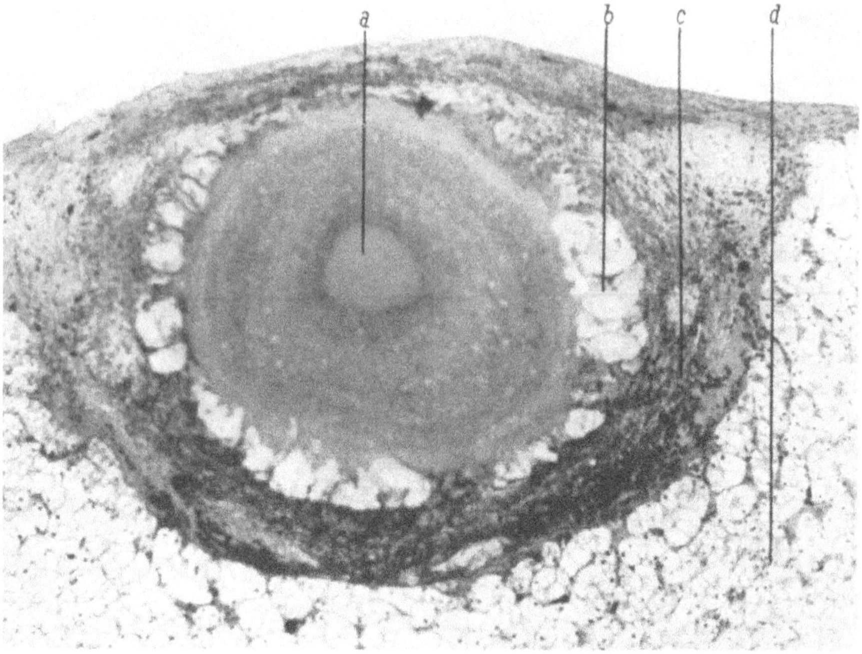

Abb. 33. Schildkröte. Nekrotischer Lebertuberkel. *a*) Nekrose, *b*) Riesenzellsaum, *c*) Granulationsgewebe, *d*) Leberparenchym Kaimantb. — Vergr. 10×5

Abb. 34. Schildkröte. Serosentuberkel auf der Leberkapsel nach intraperitonealer Injektion. Tb. bov. — 3/4 natürlicher Größe

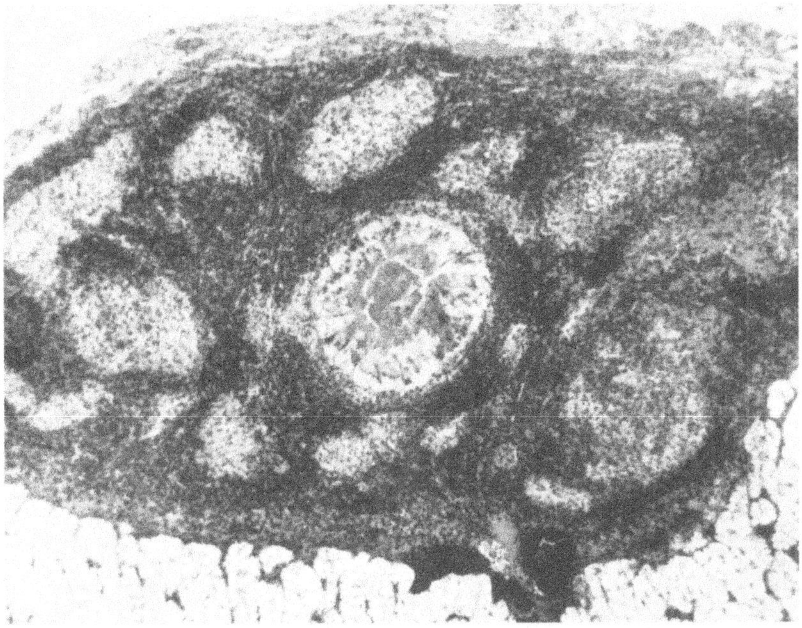

Abb. 35. Schildkröte. Konglomerattuberkel auf der Leberkapsel mit zentraler Nekrose des größten Herdes im Zentrum. Tb. bov. — Vergr. 4×7

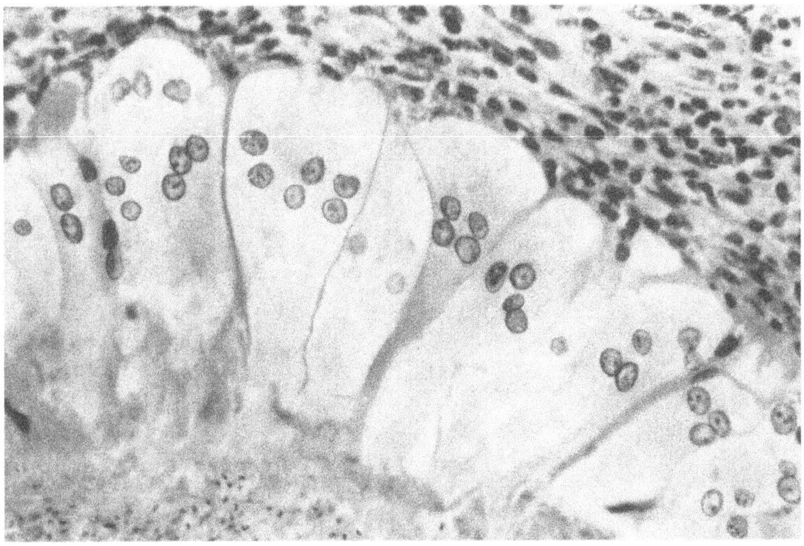

Abb. 36. Schildkröte. Riesenzellen an der Peripherie der Nekrose eines Serosentuberkels. Tb. bov. — Vergr. 40×7

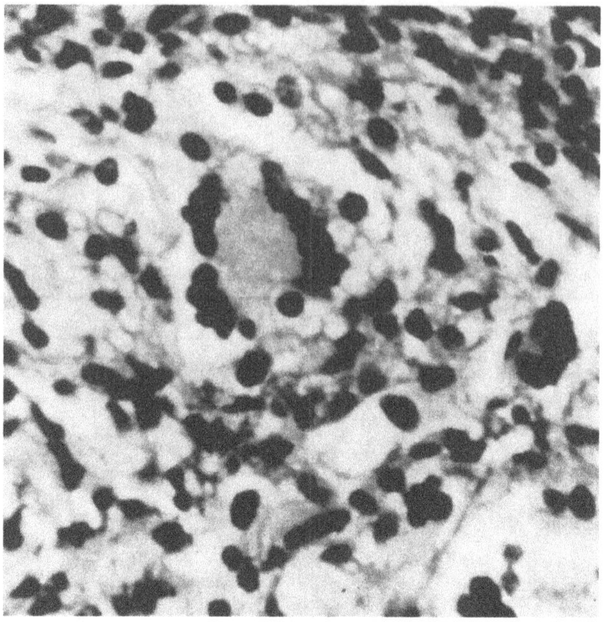

Abb. 37. Schildkröte. Riesenzelle vom Langhansschen Typ im Granulationsgewebe eines Lebertuberkels. Tb. bov. — Vergr. 10 × 7

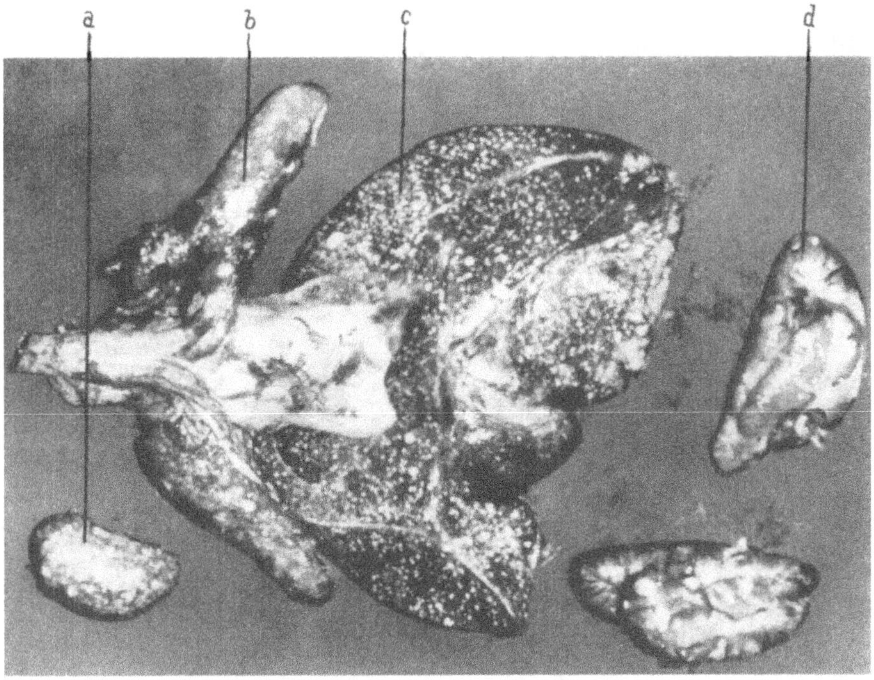

Abb. 38. Kaiman. Miliare tuberkulöse Herdchen auf Milz *a*), Lunge *b*) Leber *c*) und Nieren *d*) (Aufnahmen von ZWART, Utrecht)

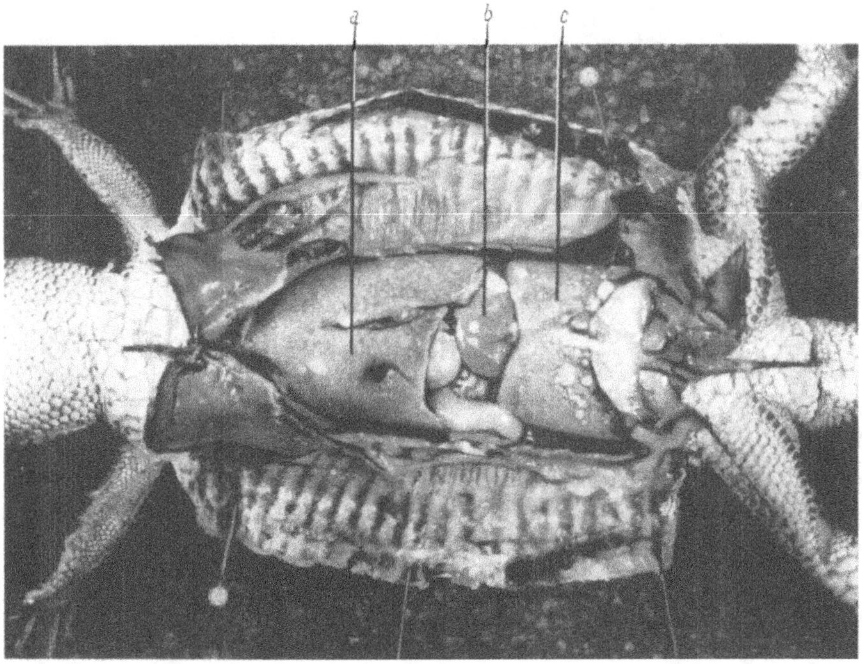

Abb. 39. Eidechse. Knötchen auf der Serosa und ausgedehnte Schwartenbildung. *a*) Leber, *b*) Darm, *c*) Fettkörper. Bufotb.

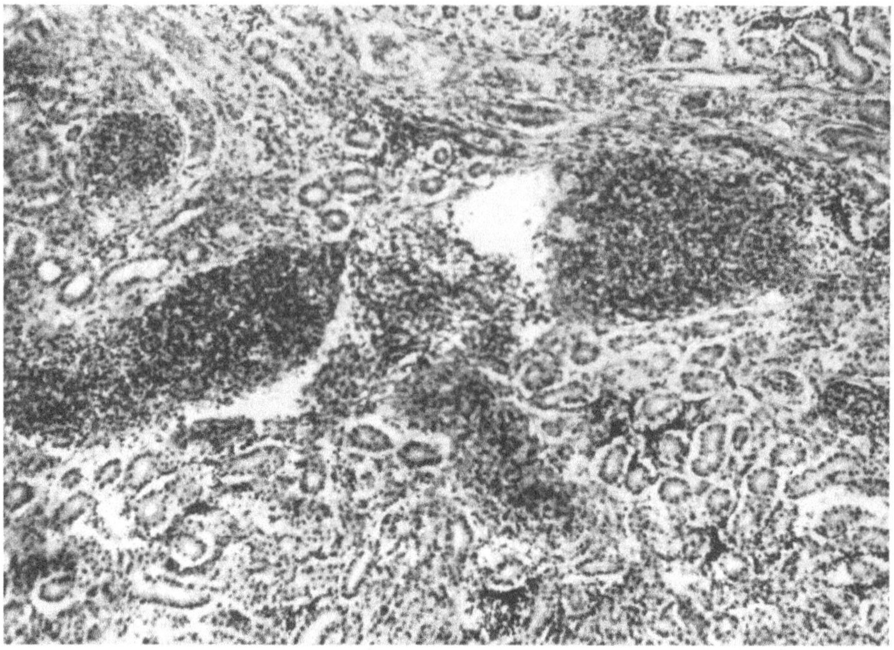

Abb. 40. Eidechse. Nekrotische Herde im Nierengewebe mit dichtgelagerten Kerntrümmern. Bufotb. — Vergr. 10 × 7

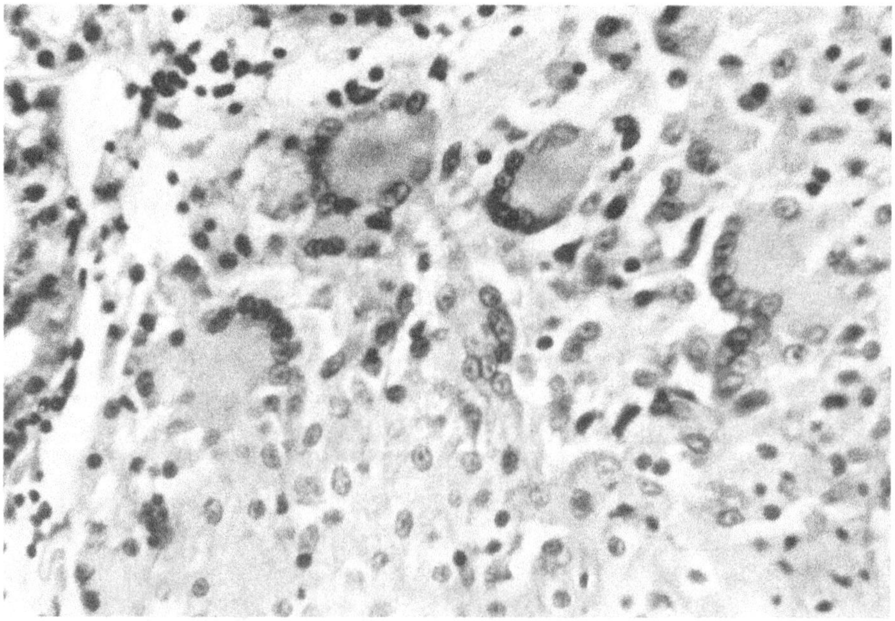

Abb. 41. Eidechse. Riesenzellen vom Langhansschen Typ im epitheloidzelligen Granulom aus der Niere. Pythontb. — Vergr. 40 × 7

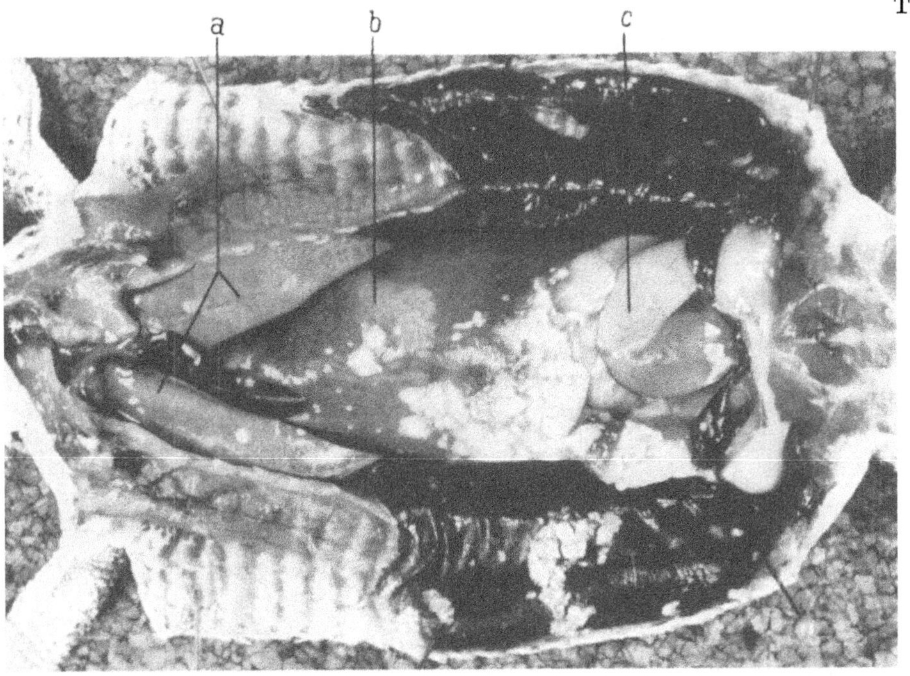

Abb. 42. Eidechse. Grauweiße Knötchen auf den serösen Häuten der Leibeshöhle, besonders auf der Leberkapsel im Bereich der Injektionsstelle. *a*) Lungen, *b*) Leber, *c*) Darm. Tb. bov.

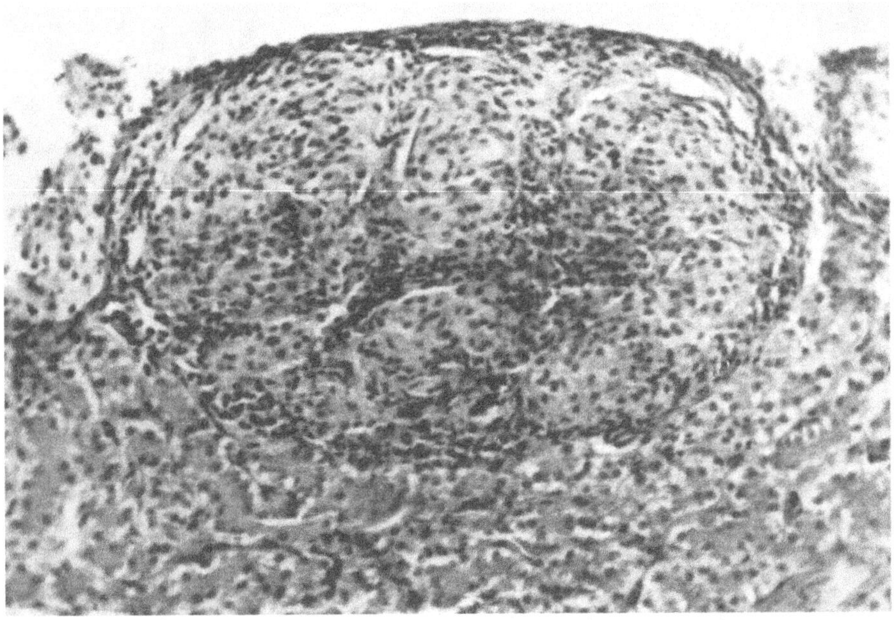

Abb. 43. Eidechse. Bindegewebig abgegrenzter und unterteilter Serosentuberkel auf der Leberkapsel. Tb. bov. — Vergr. 20×7

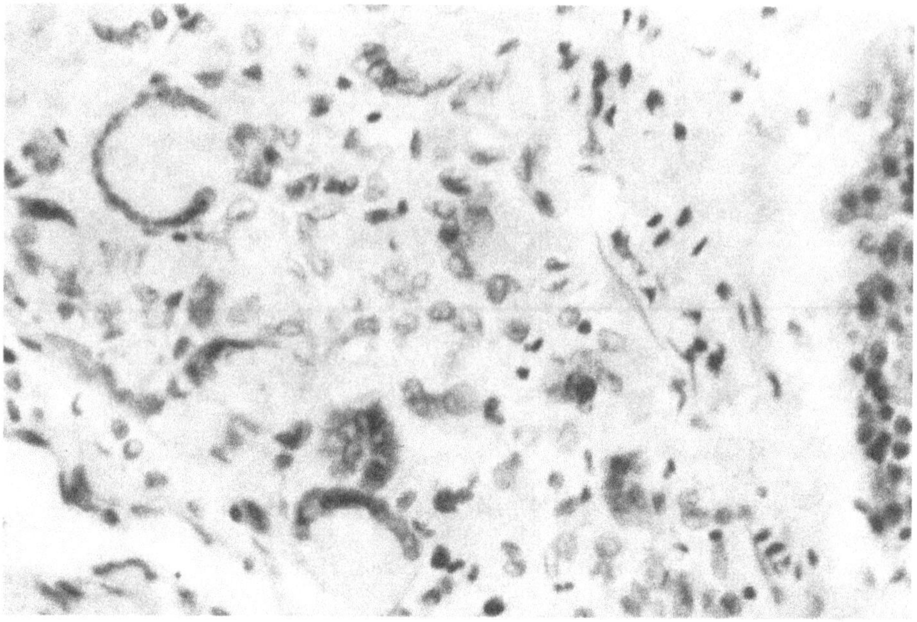

Abb. 44. Eidechse. Tuberkel auf dem serösen Überzug des Pankreas mit Riesenzellen vom Langhansschen Typ. Tb. bov. — Vergr. 40 × 7

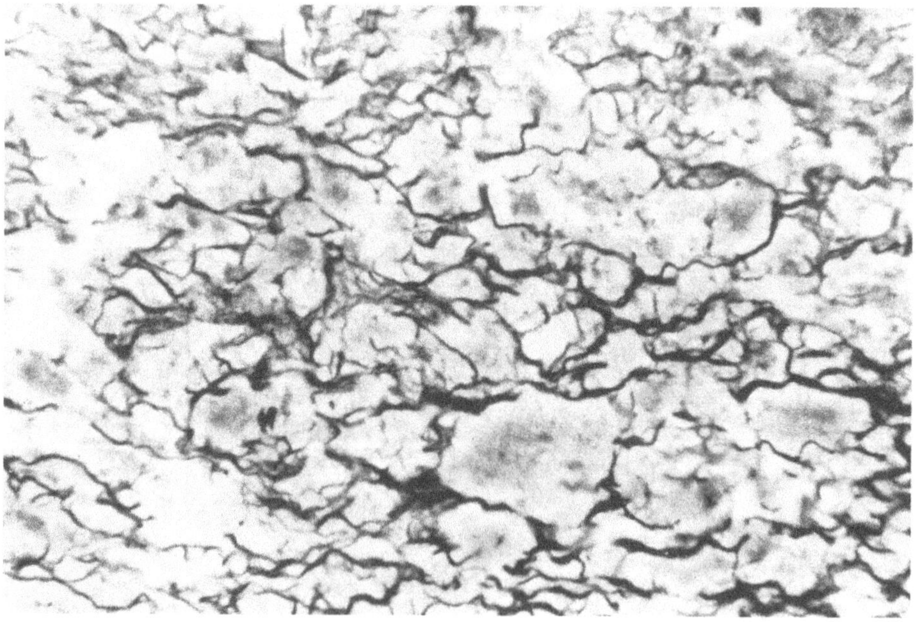

Abb. 45. Eidechse. Silberimprägnation. Gitterfaserneubildung im riesenzellhaltigen tuberkulösen Granulationsgewebe. Tb. bov. — Vergr. 40 × 7

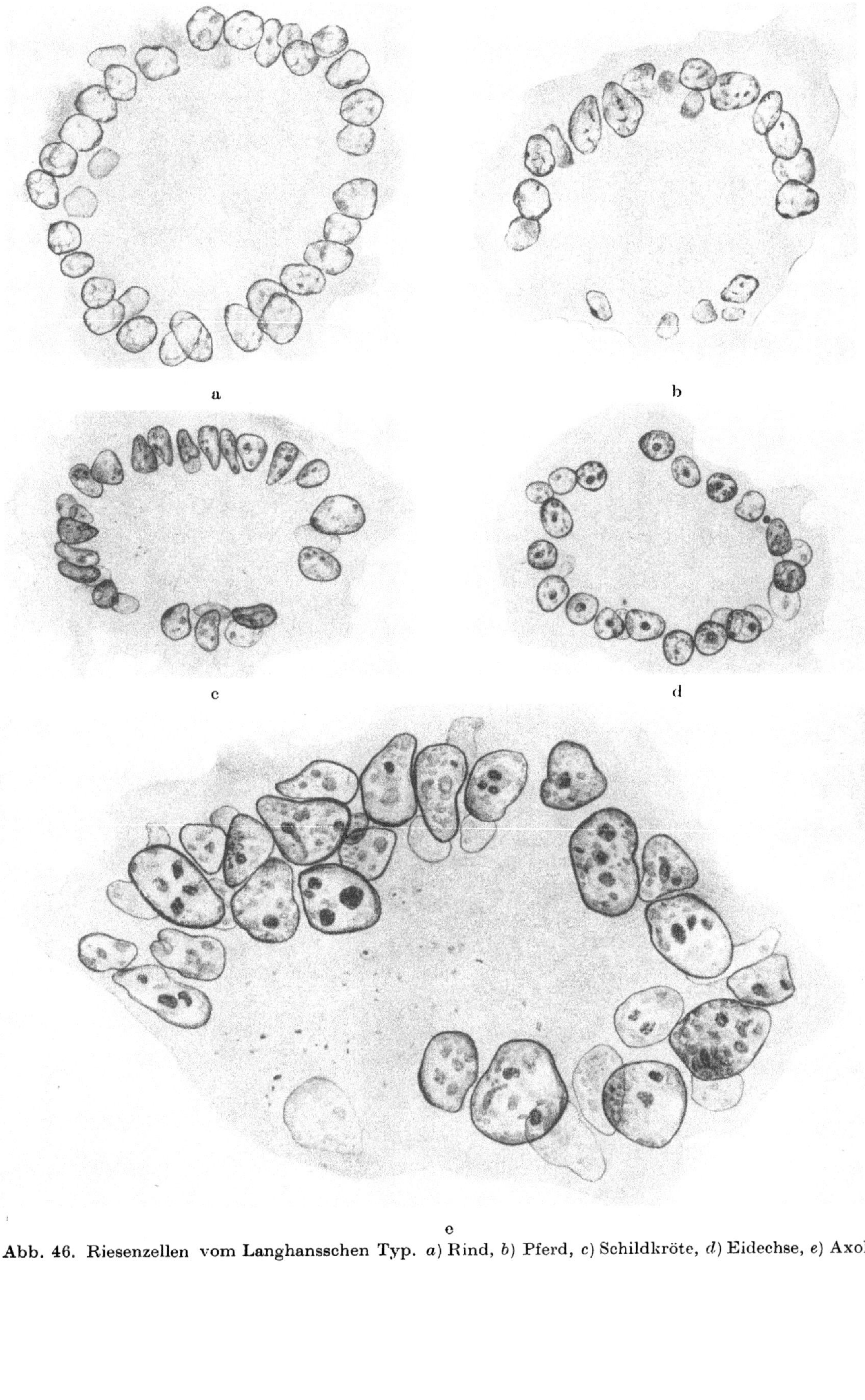

Abb. 46. Riesenzellen vom Langhansschen Typ. *a*) Rind, *b*) Pferd, *c*) Schildkröte, *d*) Eidechse, *e*) Axolotl

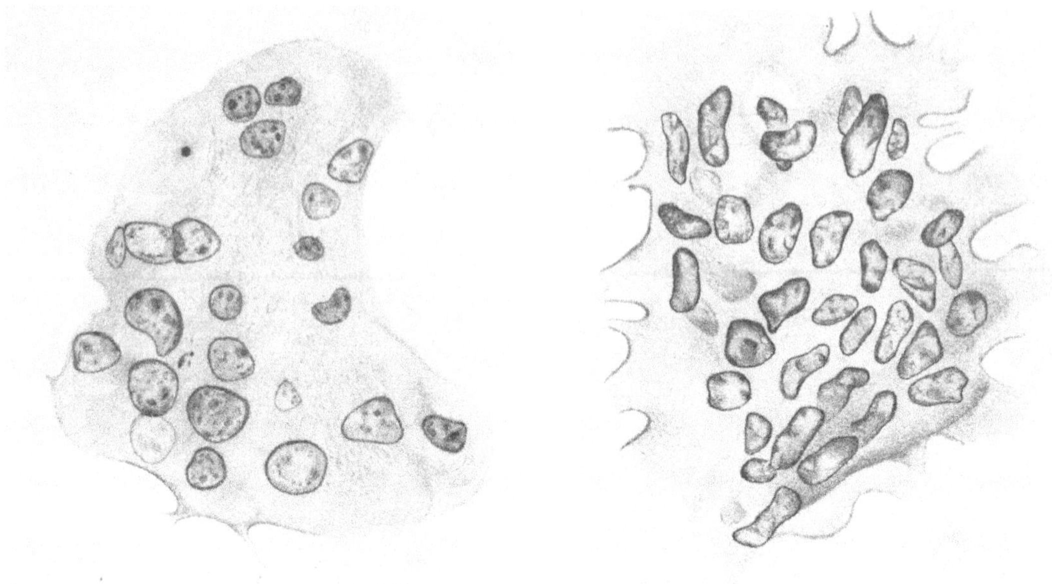

a b

Abb. 47. Riesenzellen vom Fremdkörptertyp. *a*) Schildkröte, *b*) Schwein

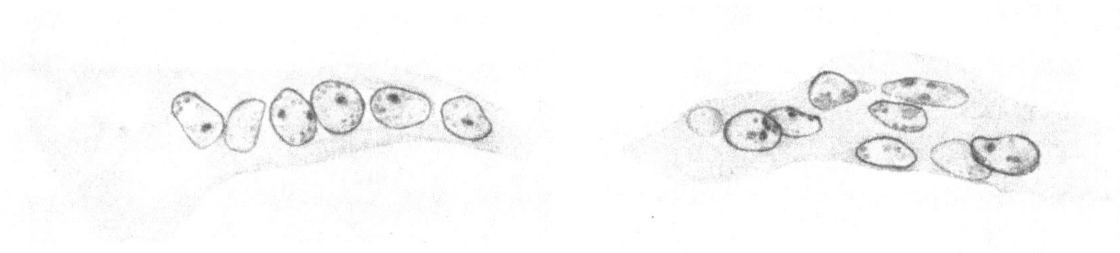

a b

Abb. 48. Riesenzellen vom Geflügeltyp. *a*) Schildkröte, *b*) Haushuhn

In der gleichen Reihe erschienen u. a.

Jahrgang 1954

1 **Arbeitstagung über Kreislauffragen**
Herausgegeben vom Referenten der Sektion für innere Medizin, A. KRAUTWALD
167 Seiten – 142 Abbildungen – 11 Tabellen – 17,– DM

Jahrgang 1955

1 Jahrestagung der Deutschen Akademie der Wissenschaften zu Berlin vom 28. März bis 2. April 1955
Fachkonferenz: Fragen der Krebsforschung und -behandlung
259 Seiten – 111 Abbildungen, davon 15 auf 4 Kunstdrucktafeln – 35 Tabellen – 36,– DM

Jahrgang 1956

1 HASSO ESSBACH
Röntgenologie in der Geburtshilfe
Pathologisch-anatomisches zum engen Becken
9 Seiten – 1,30 DM (vergriffen)

2 SIEGFRIED LIEBE
Das Geburtstrauma und seine Prognose
8 Seiten – 1 Abbildung – 1,10 DM

3 WILFRIED MÖBIUS
Geburtshilfliche Röntgendiagnostik
45 Seiten – 43 Abbildungen – 2 Tabellen – 9,– DM (vergriffen)

Jahrgang 1957 nicht erschienen

Jahrgang 1958

1 **Symposion über aktuelle Fragen der Anästhesiologie vom 11. bis 13. März 1957 in der Deutschen Akademie der Wissenschaften zu Berlin**
Zusammengestellt und herausgegeben von LOTHAR BARTH
115 Seiten – 75 Abbildungen, davon 23 auf XI Tafeln – 2 Tabellen – 13,50 DM

2 MARTIN WORM
Diabetes mellitus und Schwangerschaft
Eine klinische Studie
239 Seiten – 4 Abbildungen – 38 Tabellen – 14 Kurven – 108 Diagramme – 25,– DM

Jahrgang 1959 nicht erschienen

Jahrgang 1960

1 **Chemische Mutagenese**
Erwin-Baur-Gedächtnisvorlesungen I, 1959
Veranstaltet vom Institut für Kulturpflanzenforschung Gatersleben der Deutschen Akademie der Wissenschaften zu Berlin 26.–28. Juli 1959
Herausgegeben von HANS STUBBE
136 Seiten – 44 Abbildungen, davon 8 auf 3 Kunstdrucktafeln – 15 Tabellen – 1 Titelbild – 18,50 DM

2 HELENA LIBIKOVA
Zeckenenzephalitis in Europa
Hauptreferate, Diskussionsbeiträge und Resolutionen der internationalen Tagung über die Naturherdenzephalitiden in Mitteleuropa
Smolenice bei Bratislava 9.–11. Oktober 1956
209 Seiten – 45 Abbildungen, davon 8 auf 3 Tafeln – 4 Abbildungen auf 1 mehrfarbigen Tafel – 65 Tabellen – 34,– DM

3 HELMUT KRAATZ / ARNOLD GRAFFI / HANS GUMMEL
Berliner Symposion über Fragen der Carcinogenese vom 11. bis 16. Dezember 1959
In memoriam Charles Oberling
379 Seiten – 239 Abbildungen, davon 183 auf 79 Kunstdrucktafeln – 69 Tabellen – 1 Titelbild – Broschur 60,– DM, Halbleinen 62,– DM

Jahrgang 1960 (Fortsetzung)

4 JOHANNES DOBBERSTEIN
Beiträge zur Phylogenese der Entzündung der Wirbeltiere
44 Seiten – 27 Abbildungen, davon 26 auf 8 Tafeln – 3 Tabellen – 7,30 DM

5 OTFRIED GÜNTHER
Zur Ätiologie des Diabetes mellitus
229 Seiten – 73 Abbildungen – 49 Tabellen, davon 1 Falttafel – 2 Abbildungen im Anhang – 37,50 DM

6 JOHANNES KATHE
Robert Koch und sein Werk
Gedenkvortrag in der Plenarsitzung der Deutschen Akademie der Wissenschaften zu Berlin am 28. 4. 1960
75 Seiten – 17 Abbildungen – 10 Tabellen – 1 Titelbild – 14,– DM

Jahrgang 1961

1 **Berliner Symposion über Anaesthesieprobleme des offenen Thorax vom 28. bis 30. Oktober 1959 in der Deutschen Akademie der Wissenschaften zu Berlin**
Zusammengestellt und herausgegeben von MANFRED MEYER
162 Seiten – 82 Abbildungen, davon 22 auf 12 Tafeln – 13 Tabellen – 18,– DM

Jahrgang 1962

1 **Strahleninduzierte Mutagenese**
(Radiation induced Mutagenesis)
Erwin-Baur-Gedächtnisvorlesungen II, 1961
Veranstaltet vom Institut für Kulturpflanzenforschung Gatersleben der Deutschen Akademie der Wissenschaften zu Berlin, 6. bis 10. Juni 1961
Herausgegeben von HANS STUBBE
237 Seiten – 91 Abbildungen – 29 Tabellen – 45,– DM

2 R. MANNINGER
Kritische Bemerkungen zur Bakteriologie des Milzbrandes
J. WEISSFEILER
Beobachtungen über die Veränderlichkeit des Tuberkel-Bazillus
P. GÖMÖRI
Redistribution und Shifting des Blutes im Dienste der Homoeostase des Kreislaufes
28 Seiten – 29 Abbildungen, davon 24 auf 7 Tafeln – 4 Tabellen – 7,– DM

3 G. MOHNIKE
Die perorale Behandlung des Diabetes mellitus mit Sulfonylharnstoffderivaten
HANS-GEORG LIPPMANN
Zur peroralen Behandlung des Diabetes mellitus mit Guanidin-Derivaten
21 Seiten – 36 Abbildungen, davon 4 auf 2 Tafeln – 6,60 DM

Wir empfehlen Fortsetzungsbestellung durch eine Buchhandlung

A K A D E M I E - V E R L A G · B E R L I N

www.ingramcontent.com/pod-product-compliance
Lightning Source LLC
LaVergne TN
LVHW081349011026
849161LV00013BB/3035